# 黑龙江省气候变化监测公报

## （2019）

主　编：陈　莉
副主编：王　波　刘玉莲　孙　爽

气象出版社
China Meteorological Press

## 内容简介

黑龙江省气候中心利用黑龙江省气候变化最新监测信息，编写了《黑龙江省气候变化监测公报(2019)》。该公报共分四章，分别从大气(气温、降水、其他要素)、气候资源(光资源、热量资源、水资源)、陆地生态(地表温度、积雪、冻土、酸雨、采暖)、气候变化驱动因子(太阳辐射、温室气体、臭氧、气溶胶)等方面揭示了近58年来与黑龙江省气候变化相关联的科学事实，可为政府有效制定气候变化政策、提高公众对适应气候变化的认知水平提供科学依据。

**图书在版编目(CIP)数据**

黑龙江省气候变化监测公报. 2019 / 陈莉主编. —北京：气象出版社，2020.6
ISBN 978-7-5029-7212-7

Ⅰ.①黑… Ⅱ.①陈… Ⅲ.①气候变化-监测-黑龙江省-2019-年报 Ⅳ.①P467

中国版本图书馆CIP数据核字(2020)第081913号

**黑龙江省气候变化监测公报(2019)**
Heilongjiang Sheng Qihou Bianhua Jiance Gongbao (2019)

**出版发行**：气象出版社
**地　　址**：北京市海淀区中关村南大街46号　　**邮政编码**：100081
**电　　话**：010-68407112(总编室)　010-68408042(发行部)
**网　　址**：http://www.qxcbs.com　　**E-mail**：qxcbs@cma.gov.cn
**责任编辑**：张　媛　　**终　　审**：吴晓鹏
**责任校对**：王丽梅　　**责任技编**：赵相宁
**封面设计**：博雅思企划
**印　　刷**：北京建宏印刷有限公司
**开　　本**：787 mm×1092 mm　1/16　　**印　　张**：3.5
**字　　数**：86千字
**版　　次**：2020年6月第1版　　**印　　次**：2020年6月第1次印刷
**定　　价**：28.00元

# 《黑龙江省气候变化监测公报(2019)》
# 编委会

# 前　言

世界气象组织(WMO)和联合国环境规划署(UNEP)1988 年联合成立政府间气候变化专门委员会(IPCC),IPCC 建立的主旨是评估气候变化的科学、影响与对策,回答国际上的热点问题。30 多年来 IPCC 发布了 5 次气候变化科学评估报告,越来越明确地强调:大量和多种观测资料证实,近百年全球变暖,尤以近 50 年更明显,变暖在千年都是明显的;检测和归因研究表明,人类排放增加大气中 $CO_2$ 等温室气体的浓度,很可能是造成全球变暖的主因;越来越多的气候模式参与并考虑人类排放继续增加,一致预估 21 世纪全球将继续变暖,很可能热浪频率增加,持续时间加长,强度加强;全球变暖对各个领域的影响是明显的,人类应该采取措施减缓和减排,如增加清洁能源的使用等。

2018 年,全球平均温度较工业化前水平高出约 1.0℃,位于现代观测记录以来的第四位;全球平均海平面再创历史新高;全球天气气候灾害发生次数为 1980 年以来最多;全球气候变化对自然生态系统和经济社会的影响正在加剧,全球气候风险持续上升。

黑龙江省是国家重要商品粮基地、装备制造基地、能源基地以及生态大省、冰雪旅游大省,并肩负着国家安全的重任。同时黑龙江省又是气候变化的敏感区,是全国气候变暖最显著的区域之一,平均升温率明显高于同期亚洲和全国平均水平。气候变化对黑龙江省的影响日益显著,研究和分析黑龙江省气候变化事实,揭示黑龙江省气候变化规律,在为黑龙江省全面振兴、全方位振兴提供气象科技支撑方面有重要意义。

多年来,黑龙江省气候中心不断加强气候变化监测、影响评估、决策服务和科学研究,切实发挥了应对气候变化的科技支撑作用。现予发布《黑龙江省气候变化监测公报(2019)》(以下简称《公报》)。《公报》给出了全球、亚洲、中国的气候变化状态最新监测信息,揭示了黑龙江省近 58 年来大气(气温、降水、其他要素)、气候资源(光资源、热量资源、水资源)、陆地生态(地表温度、积雪、冻土、酸雨、采暖)、气候变化驱动因子(太阳辐射、温室气体、臭氧、气溶胶)等方面的基本科学事实。

本书在编写过程中,黑龙江省气象数据中心提供了观测资料和基础数据。在此一并对编写《公报》付出辛勤努力的科技工作者表示诚挚的感谢。

编委会

2020 年 1 月

# 编写说明

## 1. 资料来源

(1)本公报中全球、亚洲和中国气候变化数据引自中国气象局气候变化中心 2019 年发布的《中国气候变化蓝皮书》。

(2)IPCC 背景图引自 IPCC《气候变化 2014 综合报告》。

(3)本公报中黑龙江省数据均来自黑龙江省气象数据中心。

(4)本公报根据资料年代相对较长的原则,选取了黑龙江省 1961—2018 年 62 个气象台站的资料。

(5)本公报主要贡献单位:黑龙江省气候中心、黑龙江省气象数据中心、国家气候中心。

(6)IPCC 背景图如下:

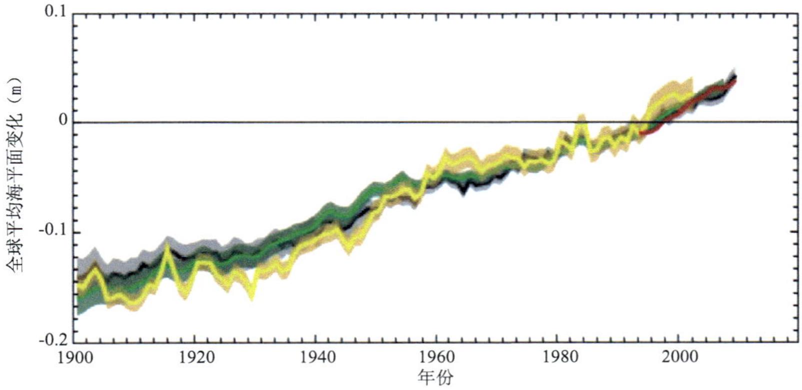


图 A　1900—2010 年全球平均海平面变化图

(相对于 1986—2005 年)

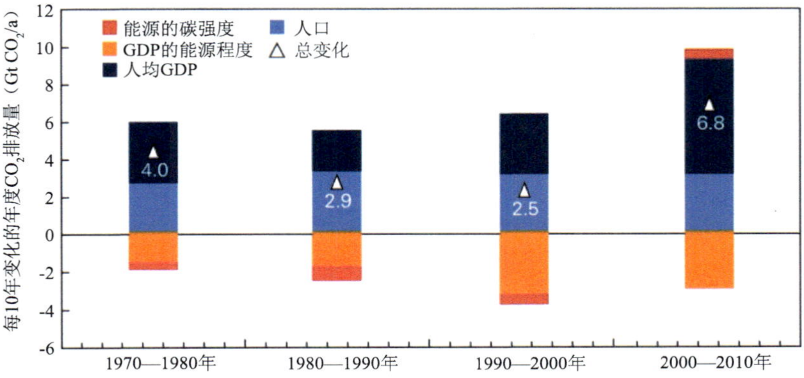


图 B　全球化石燃料燃烧排放 $CO_2$ 总量 10 年期变化分解图

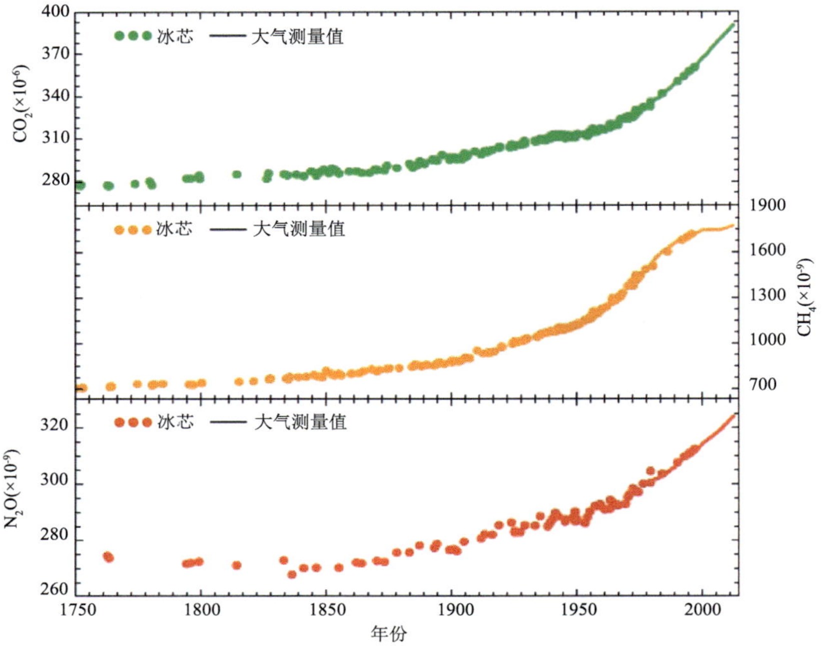


图 C　全球平均温室气体浓度图

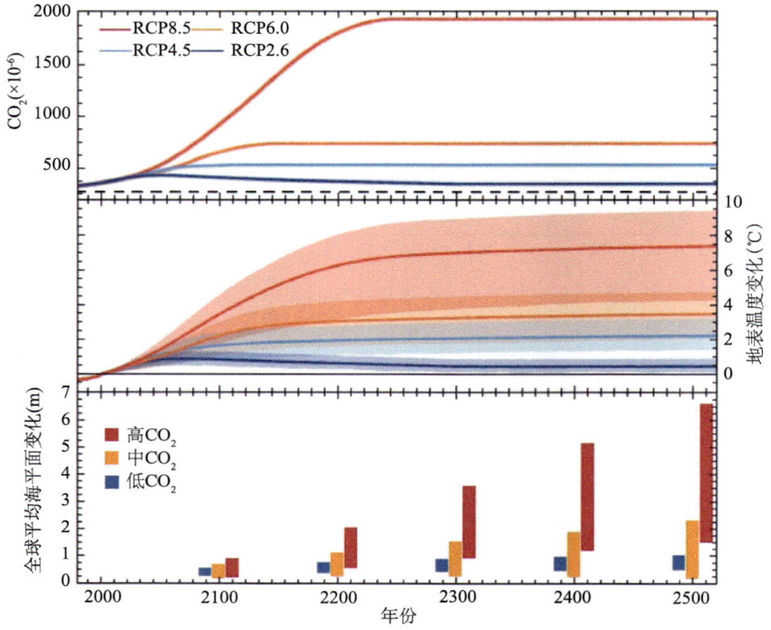


图 D　预估大气中的 $CO_2$、全球平均地表温度、海平面变化图

（相对于 1986—2005 年）

## 2. 重要名词解释

常年值：1981—2010 年气候基准期的常年平均值。“显著变化”“明显变化”是指线性变化趋势通过 95%以上的信度检验。

生长季：每年 5—9 月。

全球地表平均气温：与人类生活的生物圈关系密切的地球表面的平均温度，通常是基于按面积加权的海洋表面温度和陆地表面 1.5 m 处的表面气温的全球平均值。

陆地表面平均气温：某一段时间内，陆地表面气象观测规范高度（1.5 m）上的空气温度值的面积加权平均值。

气温年较差：一年中最高月平均气温与最低月平均气温之差。

年最高（最低）气温：一年中日最高（最低）的最高（最低）值。

地面平均温度：某一段时间内，陆地表面与空气交界处温度的平均值。

平均年降水量：一定空间范围内，各站点一年中降水总量的平均值。

年平均降水日数：一定空间范围内，各站点一年中降水量大于和等于 0.1 mm 日数的平均值。

年累计暴雨站日数：一定空间范围内，一年中各站点达到暴雨量级的降水日数的逐站累积值。

季节性冻土最大深度：在季节冻土区，冷季地表土层温度低于冻结温度后，土壤中的水分冻结成冰，从地面到冻结线之间的垂直距离为冻土深度。最大冻土深度是标准气象观测场内的冻结深度的最大值。

活动积温：采用 5 日滑动平均法，计算活动积温的初、终日期，初、终日期之间的温度之和即为活动积温。

年总辐射量：地表一年中所接受到的太阳直接辐射和散射辐射之和。

酸雨：pH<5.6 的大气降水，大气降水的形式包括雨、雪、雹等。

酸雨频率：某段时间（年、季或月）内日降水 pH<5.6 的出现概率。

太阳黑子相对数：表示太阳黑子活动程度的一种指数，是瑞士苏黎世天文台的 R. 沃尔夫在 1849 年提出的，因而又称沃尔夫黑子数。

气溶胶光学厚度：定义为大气气溶胶消光系数在垂直方向上的积分，主要用来描述气溶胶对光的衰减作用，光学厚度越大，代表大气中气溶胶含量越高。

初霜日：温暖季节向寒冷季节过渡期间，地面 0 cm 最低温度第一次小于或等于 0℃的日期。

采暖：采用 5 日滑动平均法，将日平均气温稳定小于等于 5℃的第一个日期作为采暖初日；将日平均气温稳定小于等于 5℃的最终日期作为采暖终日；日均采暖强度为采暖期内平均每天的采暖度日。

不同等级（小雨、中雨、大雨、暴雨及以上）降水量百分比：各等级降水量占总降水量的百分比。

不同等级（小雨、中雨、大雨、暴雨及以上）降水日数百分比：各等级降水日数占总降水日数的百分比。

# 目　　录

# 摘　　要

气候系统的多重指标和观测表明，全球变暖趋势进一步持续。2018 年全球平均气温比 1981—2010 年平均值偏高 0.38℃，较工业化前水平高出 1.0℃，过去 5 年(2014—2018 年)是有完整气象观测记录以来最暖的 5 个年份。2018 年，亚洲陆地表面平均气温较常年值偏高 0.58℃，是 1901 年以来的第五暖年份。

1901—2018 年，中国地表年平均气温呈显著上升趋势，平均每 10 年升高 0.24℃，近 20 年是 20 世纪初以来的最暖时期，2018 年较常年偏高 0.54℃，属异常偏暖年份；1951—2018 年，中国地表年平均最高气温呈上升趋势，最低气温呈显著上升趋势。1961—2018 年，中国平均降水量呈微弱的增加趋势，但年际变化明显，2018 年，中国平均降水量较常年偏多 7.0%；平均年降水日数呈显著减少趋势，而年累计暴雨站日数增加。

1961—2018 年，黑龙江省地表年平均气温、年平均最高气温、年平均最低气温均呈显著上升趋势，地表气温年较差变化不明显。2018 年，黑龙江省地表年平均气温较常年值偏高 0.5℃，大部分地区气温接近常年或偏高。1909—2018 年，哈尔滨地表年平均气温呈显著的升高趋势。

1961—2018 年，黑龙江省平均降水量呈微弱的增加趋势，并表现出明显的年代际变化，20 世纪 60 年代初期、80 年代初期至 90 年代后期降水偏多，60 年代中期至 70 年代、90 年代末期至 21 世纪最初 10 年总体处于降水偏少阶段，2012 年以来降水以偏多为主。2018 年，黑龙江省平均降水量为 666.1 mm，较常年偏多 26.8%，为 1961 年以来历史第三多水年，黑龙江省大部分地区降水量接近常年或偏多。

1961—2018 年，黑龙江省年平均风速和年日照时数呈显著减少趋势，年平均相对湿度和年平均总云量无明显的增减趋势，但存在阶段性变化特征。2018 年，黑龙江省平均相对湿度、平均风速、日照时数均低于常年值，总云量高于常年值。

1961—2018 年，黑龙江省平均生长季日照时数呈显著下降趋势，平均每 10 年减少 17.4 h，2012 年以来平均生长季日照时数持续偏少，2018 年，黑龙江省大部地区生长季日照时数为 1000～1200 h，平均生长季日照时数偏少 91.0 h。1961—2018 年，黑龙江省各种界限温度(≥0℃、≥5℃、≥10℃、≥20℃)活动积温初日推迟明显，终日提前明显，持续天数呈显著增加趋势，活动积温增加非常明显。2018 年，≥10℃活动积温初日为 1961 年以来最早，终日为 1961 年以来第二晚，持续天数为 1961 年以来最长，活动积温为 1961 年以来第二高值。1961—2018 年，黑龙江省无霜期呈显著增加趋势，2004 年以来持续高于常年值，2018 年无霜期较常年偏多 14 d，为 1961 年以来第四高值，初霜日呈显著推迟趋势，终霜日呈显著提前趋势，2018 年，黑龙江省平均初霜日偏晚 6 d，终霜日偏早 8 d。1961—2018 年，黑龙江省平均生长季降水量无明显增减趋势，但年际变化明显，2012 年以来持续偏多，2018 年生长季降水量较常年偏多28%；黑龙江省大部分地区生长季降水量为500～700 mm。1961—2018年，黑龙江省平均生长季小雨降水量占生长季降水量百分比和小雨日数占生长季降水日数百分比均呈显著减小趋势，近58年分别减小3.5%和4.1%，中雨、大雨、暴雨及以上降水量占比均变化不明显，而降水日数占比均呈显著增加趋势，其中生长季中雨日数占比增加速率最大。2018年生长季小雨降水量占比为1961年以来最小值，大雨日数占比、暴雨及以上降水量和降水日数占比均为1961年以来第二大值，大雨降水量占比为1961年以来第三大值。

1961—2018年，黑龙江省年平均地表气温呈显著上升趋势，近58年上升了约5.16℃，2003年以来地表气温持续偏高，2018年较常年偏高2.5℃。1961—2018年，黑龙江省年最大积雪深度增加明显，平均每10年增加1.8 cm，积雪初日呈显著推迟趋势，积雪终日呈显著提前趋势。1961—2018年，黑龙江省年季节性冻土最大深度呈显著减少趋势，平均每10年减少9.1 cm，2018年较常年增加2.9 cm。2008—2018年，黑龙江省平均降水pH呈显著的增加趋势，酸雨发生频率和强酸雨发生频率呈显著的下降趋势，2018年，黑龙江省降水pH为6.15。1961—2018年，黑龙江省年日均采暖强度呈减小趋势，采暖初日呈显著推迟趋势，终日呈显著提前趋势。

黑河、佳木斯和哈尔滨总辐射呈增加趋势，漠河总辐射呈减小趋势，富裕无明显增减趋势。黑龙江龙凤山站二氧化碳年平均浓度为$(415.6\pm0.8)\times10^{-6}$。1991—2018年，黑龙江龙凤山站臭氧总量季节波动明显，但年平均值无明显增减趋势，2018年臭氧总量平均值为362±57 DU。2004—2014年，龙凤山站气溶胶光学厚度年平均值波动增加，2014年以来呈明显降低趋势。

# 第1章　大　气

大气为地球生命的繁衍和人类的发展提供了理想的环境，大气的状态和变化时时处处影响到人类的活动与生存。大气气温、降水、相对湿度等基本气象要素在气候变化研究中广泛应用，是表征气候和气候变化的核心指标。在全球气候变暖的大背景下，黑龙江省气候也发生了明显的变化，近58年气温明显上升，平均降水量呈微弱的增加趋势，平均风速和日照时数呈显著减少趋势。

## 1.1　地表气温

### 1.1.1　全球地表平均气温

根据世界气象组织发布的《2018年全球气候状况声明》，2018年全球平均温度比1981—2010年平均值高出0.38℃，较工业化前水平(1850—1900年平均值)高出约1.0℃，位列2016年、2017年和2015年之后，为有完整气象观测记录以来的第四暖年份(图1.1)。过去5年(2014—2018年)，是有完整气象观测记录以来最暖的5个年份；有现代气象观测记录以来的20个最暖年份均出现在过去22年中。长序列观测资料分析表明：全球变暖趋势进一步持续(中国气象局气候变化中心，2019)。

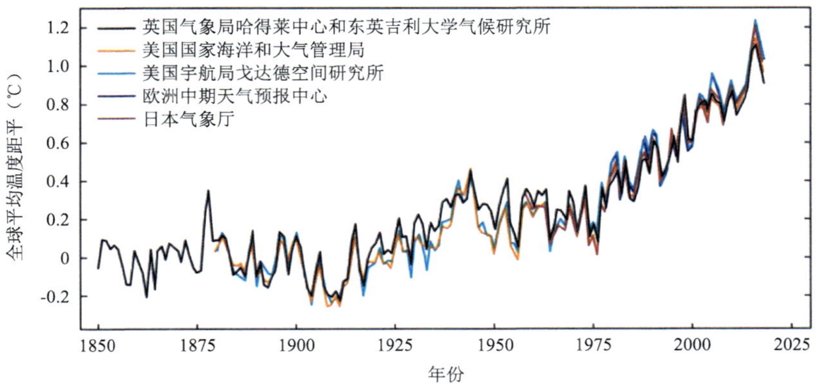


图1.1　1850—2018年全球平均温度距平变化(相对于1850—1900年平均值)
(中国气象局气候变化中心，2019)

### 1.1.2 亚洲陆地表面平均气温

1901—2018 年，亚洲陆地表面年平均气温总体呈明显上升趋势，20 世纪 60 年代末以来，升温趋势尤其显著(图 1.2)。1901—2018 年，亚洲陆地表面平均气温上升了 1.61℃。1951—2018 年，亚洲陆地表面平均气温呈显著上升趋势，升温速率为 0.23℃/10a。2018 年，亚洲陆地表面平均气温比常年值偏高 0.58℃，是 1901 年以来的第五高值年份(中国气象局气候变化中心，2019)。

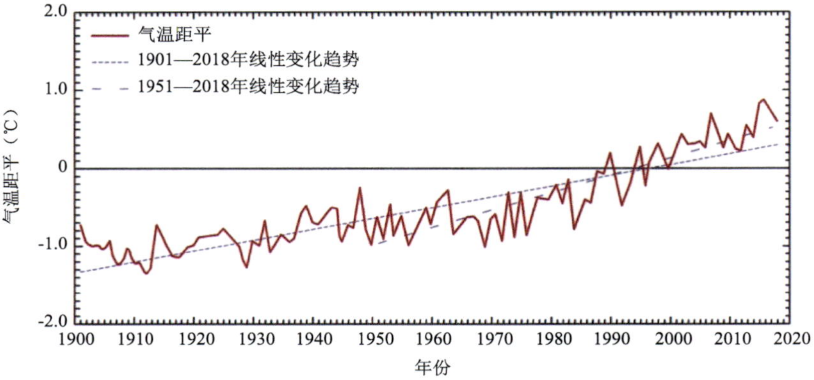


图 1.2　1901—2018 年亚洲陆地表面年平均气温距平变化
(中国气象局气候变化中心，2019)

### 1.1.3 中国地表气温

1901—2018 年，中国地表年平均气温呈显著上升趋势，并伴随明显的年代际波动，期间中国地表年平均气温上升了 1.24℃(图 1.3)。1951—2018 年，中国地表年平均气温呈显著上升趋势，增温速率为 0.24℃/10a。近 20 年是 20 世纪初以来的最暖时期，2018 年，全国平均气温较常年偏高 0.54℃，属偏暖年份(中国气象局气候变化中心，2019)。

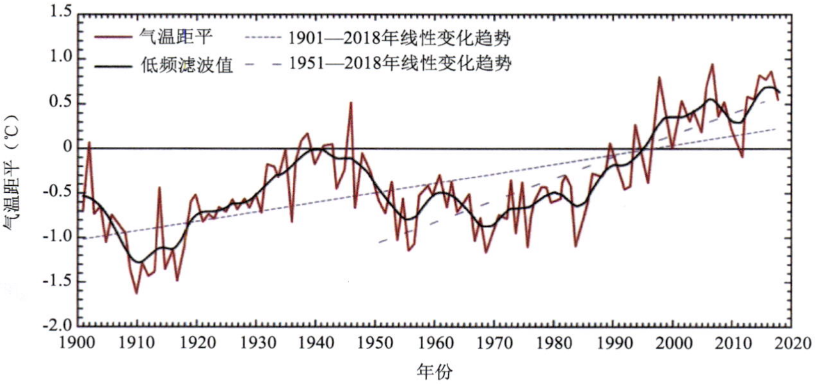


图 1.3　1901—2018 年中国地表年平均气温距平变化
(中国气象局气候变化中心，2019)

1951—2018 年，中国地表年平均最高气温呈上升趋势，平均每 10 年升高 0.18℃，低于年平均气温的升高速率(图 1.4(a))。20 世纪 70 年代后期之前，中国年平均最高气温变化相对稳定，之后呈明显上升趋势。2018 年，中国地表平均最高气温较常年值偏高 0.5℃(中国气象局气候变化中心，2019)。

1951—2018 年，中国地表年平均最低气温呈显著上升趋势，平均每 10 年升高 0.30℃，高于年平均气温和最高气温的上升速率(图 1.4(b))。20 世纪 70 年代初以来，最低气温上升趋势尤为明显；2001 年以来，最低气温持续高于常年值。2018 年，中国地表平均最低气温较常年值偏高 0.7℃(中国气象局气候变化中心，2019)。

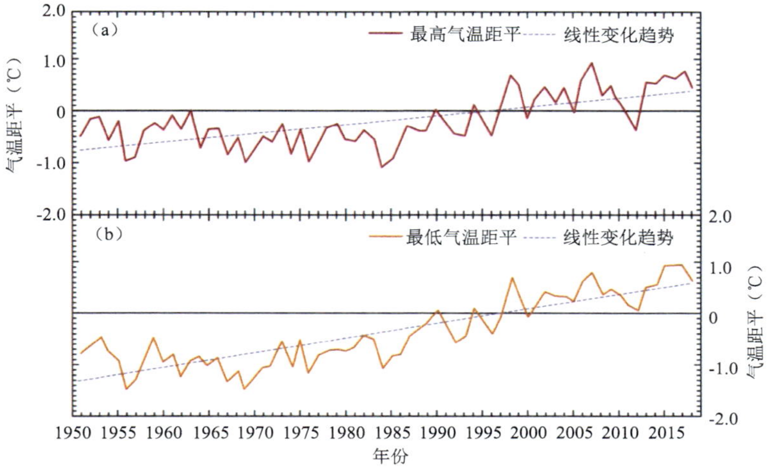


图 1.4　1951—2018 年中国地表年平均最高气温(a)和最低气温(b)距平变化
(中国气象局气候变化中心，2019)

## 1.1.4　黑龙江省地表气温

1. 平均气温

1961—2018 年，黑龙江省地表年平均气温呈明显上升趋势，平均每 10 年升高 0.34℃(图 1.5)，58 年来气温升高了 1.97℃。20 世纪 60 年代到 80 年代末地表年平均气温偏低，1969 年最低，低于常年值 2.7℃，1989—2008 年为偏暖阶段，2007 年气温最高，高于常年值 1.4℃，2009—2013 年回落到常年值以下，2014 年以来总体偏高。2018 年，黑龙江省地表平均气温为 3.8℃，较常年值(3.3℃)偏高 0.5℃。

2018 年，黑龙江省大部地区气温接近常年或偏高(图 1.6)，孙吴、嫩江、林甸、绥化市区偏高 1～2℃；呼玛、海伦、宾县、鹤岗市区偏低 0.1～1.4℃。

1909—2018 年，哈尔滨气象台地表年平均气温(1943—1948 年无观测资料)呈显著的升高趋势(图 1.7)。20 世纪 90 年代初以来为偏暖阶段，2007 年最高，高于常年值 1.8℃，40 年代以前和 50 年代至 80 年代末为偏冷阶段，1915 年最低，低于常年值 3.3℃。1909—2018 年，哈尔滨气象台地表年平均气温上升了 2.49℃，明显高于相同时段中国地表年平均气温的升温幅度。2018 年，哈尔滨气象台地表平均气温为 5.1℃，较常年值(4.9℃)偏高 0.2℃。

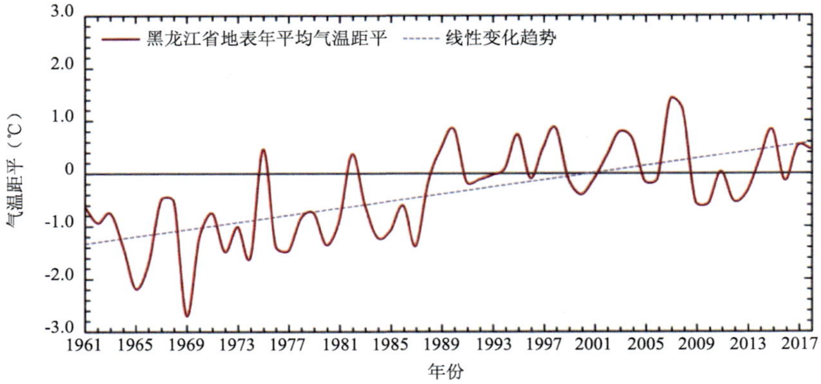


图 1.5　1961—2018 年黑龙江省地表年平均气温距平变化

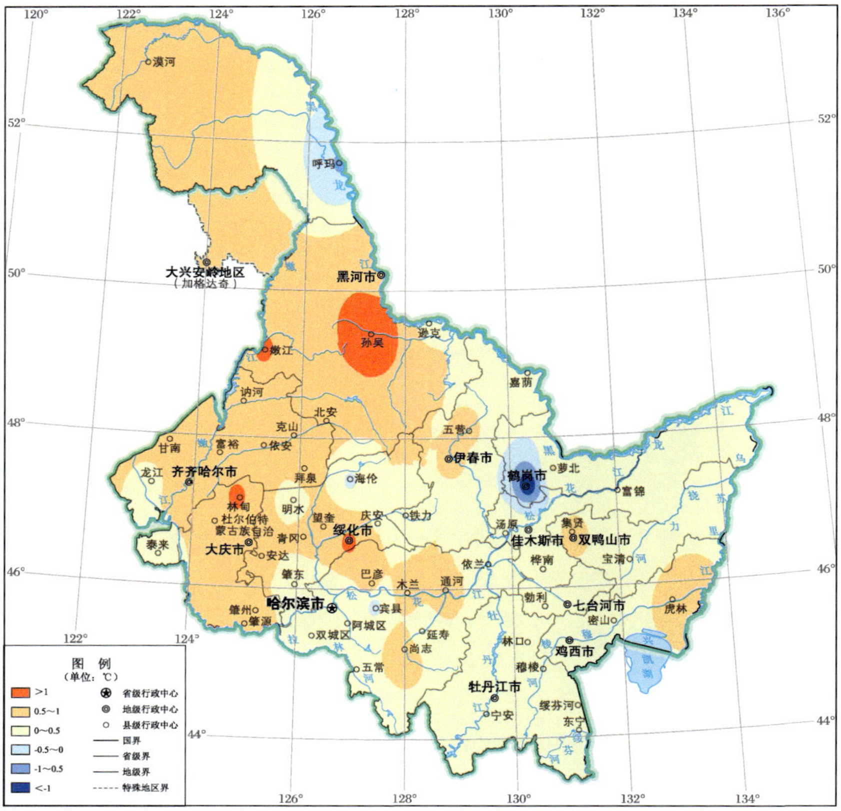


图 1.6　2018 年黑龙江省地表年平均气温距平空间分布

## 2. 最高气温和最低气温

1961—2018 年，黑龙江省地表年平均最高气温总体呈显著上升趋势，平均每 10 年升高 0.20℃，地表年平均最高气温与地表年平均气温变化非常一致，但低于地表年平均气温的升高速率，近 58 年地表年平均最高气温上升了 1.16℃（图 1.8）。20 世纪 60 年代地表年平均最高

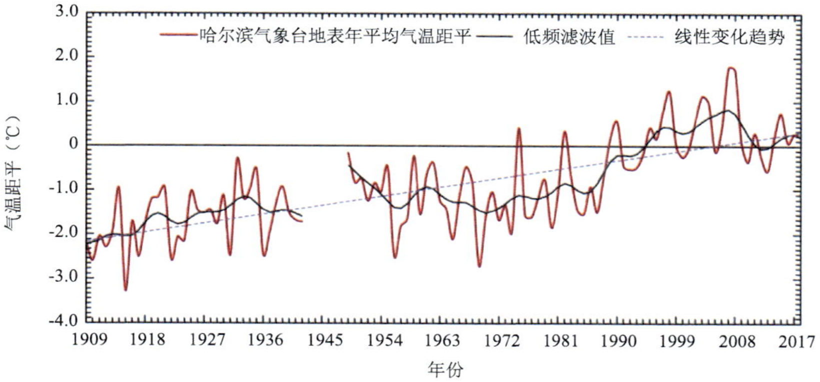


图 1.7 1909—2018 年哈尔滨气象台地表年平均气温距平变化

气温偏低，1969 年最低，低于常年值 2.4℃，70 年代开始地表平均最高气温波动上升，1990—2008 年持续升温，2007 年地表平均最高气温最高，高于常年值 1.5℃，2009 年以来地表平均最高气温表现出在常年值附近振荡。2018 年，黑龙江省地表平均最高气温为 9.7℃，较常年值(9.2℃)偏高 0.5℃。

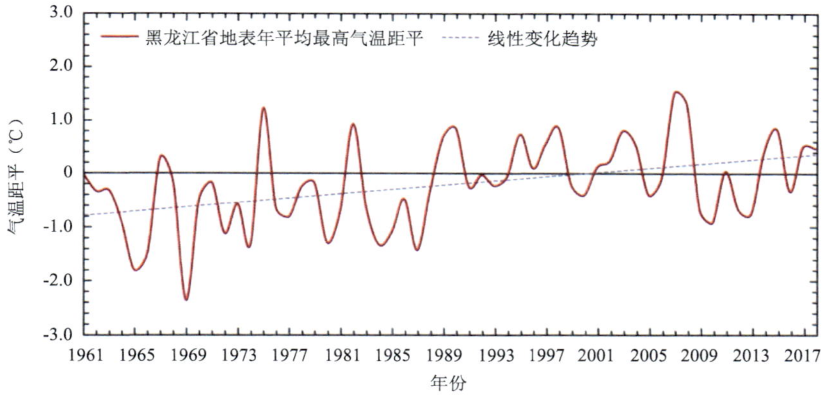


图 1.8 1961—2018 年黑龙江省地表年平均最高气温距平变化

1961—2018 年，黑龙江省地表年平均最低气温总体呈显著上升趋势，平均每 10 年升高 0.50℃，高于年平均气温和最高气温的上升速率，近 58 年年平均最高气温上升了 2.90℃(图 1.9)。20 世纪 60 年代至 80 年代后期处于偏低阶段，最低值出现在 1969 年，低于常年值 3.2℃，1988 年以来总体偏高，2007 年最高，高于常年值 1.3℃。2018 年，黑龙江省地表平均最低气温为－1.7℃，较常年值(－2.2℃)偏高 0.5℃。

3. 气温年较差

1961—2018 年，黑龙江省地表气温年较差变化不明显，平均每 10 年减少 0.11℃，近 58 年地表气温年较差减少 0.64℃(图 1.10)。气温年较差波动性明显，但波动幅度平缓，年较差最大值出现在 1977 年，高于常年值 6.6℃，最小值出现在 2007 年，低于常年值 5.3℃。2018 年，黑龙江省地表气温年较差为 44.0℃，较常年值(41.7℃)偏高 2.3℃。

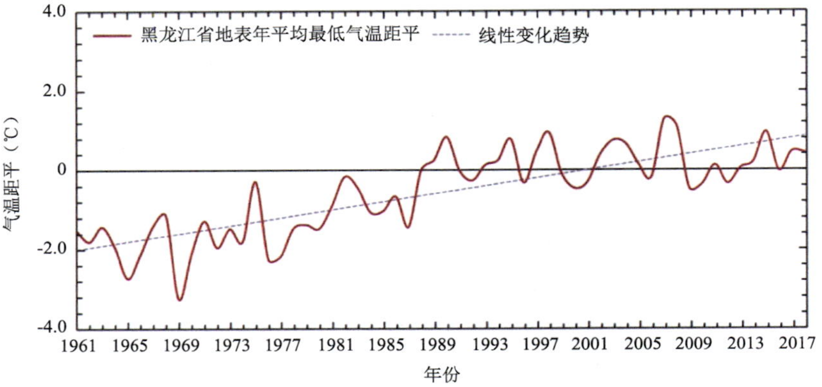


图 1.9　1961—2018 年黑龙江省地表年平均最低气温距平变化

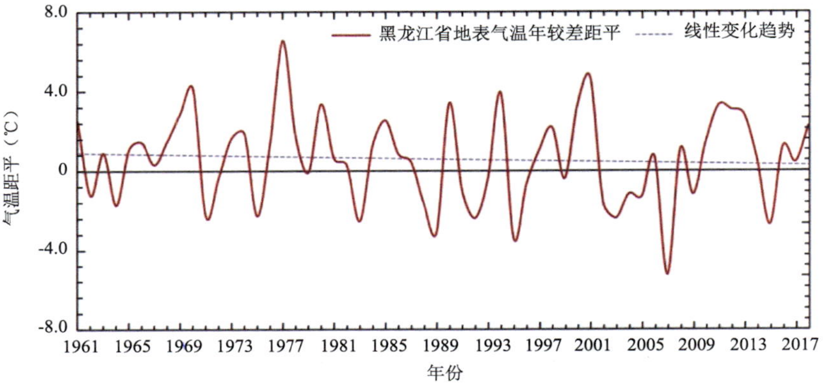


图 1.10　1961—2018 年黑龙江省地表气温年较差距平变化

## 1.2　降水

### 1.2.1　中国降水

1961—2018 年，中国平均年降水量呈微弱的增加趋势，且年代际变化明显（图 1.11）。2016 年、1998 年和 1973 年是排名前三位的降水高值年，2011 年、1986 年和 2009 年是排名前三位的降水低值年。20 世纪 80 年代至 90 年代，中国平均年降水量以偏多为主，21 世纪最初 10 年总体偏少，2012 年以来降水持续偏多。2018 年，中国平均降水量为 673.8 mm，较常年值偏多 7.0%（中国气象局气候变化中心，2019）。

1961—2018 年，中国平均年降水日数呈显著减少趋势，平均每 10 年减少 2.0 d（图 1.12(a)）。2018 年，中国平均年降水日数为 103.3 d，接近常年值（中国气象局气候变化中心，2019）。

1961—2018 年，中国年累计暴雨（日降水量≥50 mm）站日数呈增加趋势（图 1.12(b)），平均每 10 年增加 3.8%。2018 年，中国年累计暴雨站日数为 6106 站日，较常年值偏多 2.3%（中国气象局气候变化中心，2019）。

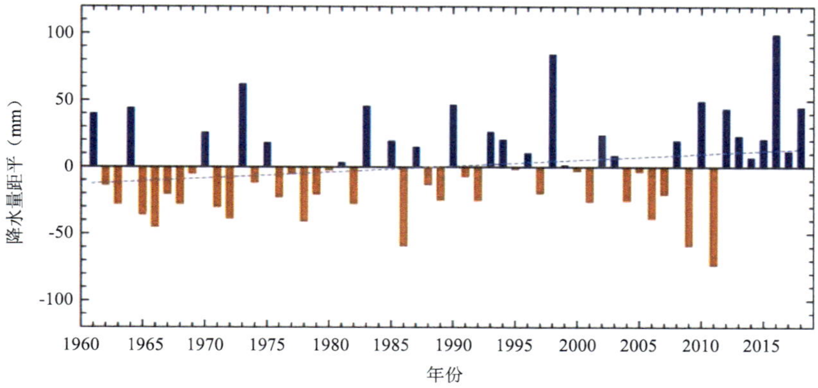


图 1.11 1961—2018 年中国平均年降水量距平变化(点线为线性趋势线)
(中国气象局气候变化中心,2019)

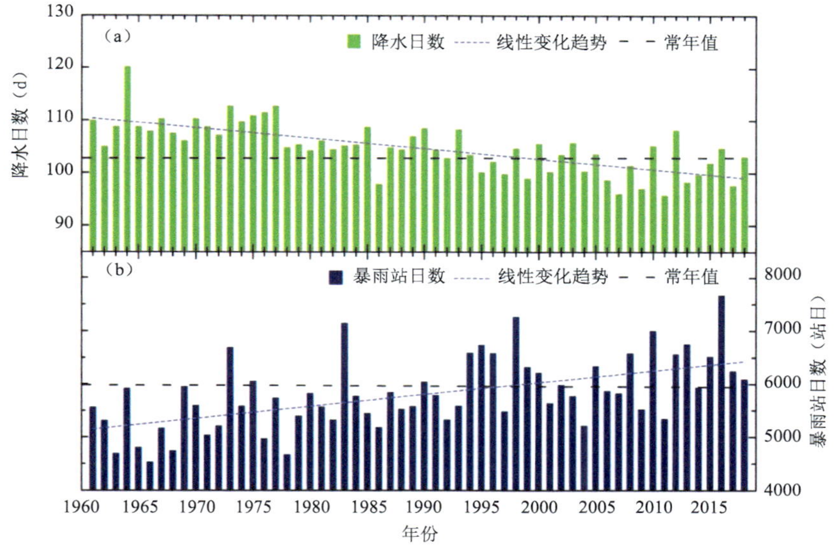


图 1.12 1961—2018 年中国平均年降水日数(a)和年累计暴雨站日数(b)
(中国气象局气候变化中心,2019)

## 1.2.2 黑龙江省降水

1961—2018 年,黑龙江省平均年降水量呈微弱的增加趋势,并表现出明显的年代际变化(图 1.13)。2013 年、1994 年和 2018 年是排名前三位的降水高值年,2001 年、1979 年和 1976 年是排名前三位的降水低值年。20 世纪 60 年代初期、80 年代初期至 90 年代后期降水偏多,60 年代中期至 70 年代、90 年代末期至 21 世纪最初 10 年总体处于降水偏少阶段,2012 年以来降水以偏多为主。2018 年,黑龙江省平均降水量为 666.1 mm,较常年(525.2 mm)偏多 26.8%。与常年相比,除漠河、呼玛、肇源、鹤岗市区降水量偏少 10%～20%外,其他地区降水量接近常年或偏多，小兴安岭大部、松嫩平原大部、三江平原南部和东部及省南部地区降水量偏多20%以上，其中龙江、杜尔伯特、明水、通河、延寿降水量偏多50%～60%，东宁偏多61%（图1.14）。

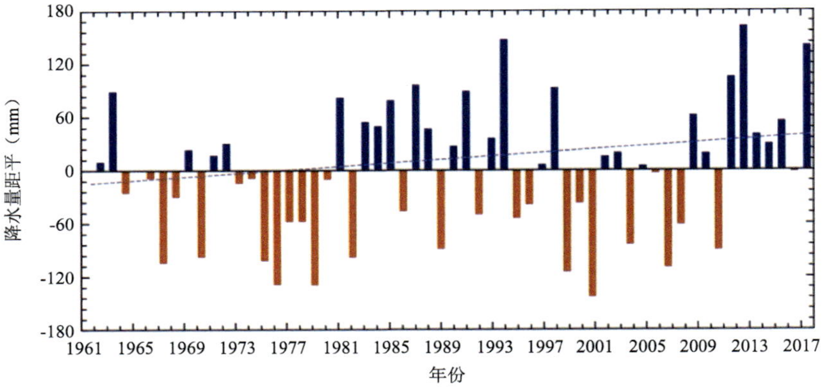


图1.13　1961—2018年黑龙江省平均年降水量距平变化（点线为线性趋势线）

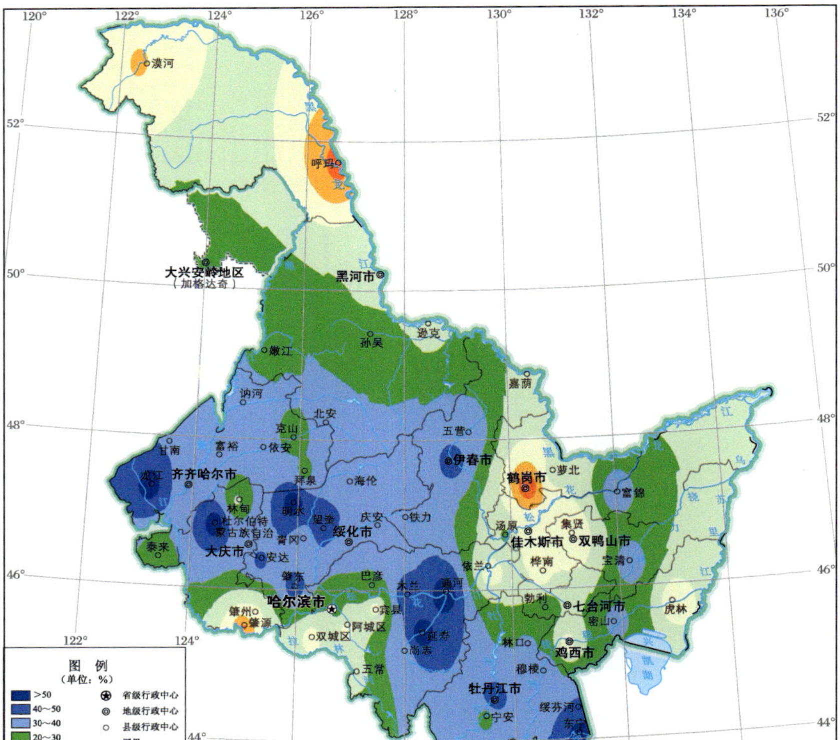


图1.14　2018年黑龙江省年降水量距平百分率空间分布

1909—2018 年，哈尔滨气象台年降水量（1943—1948 年无观测资料）表现出明显的年代际变化特征（图 1.15）。20 世纪 10 年代、20 年代末至 30 年代和 50 年代初降水偏多，1932 年降水量历史最多，较常年偏多 503.0 mm，70 年代降水偏少，80 年代至 90 年代中期降水量偏多，在 1989 年出现了历史降水最低值，较常年偏少 192.5 mm，21 世纪以来降水以偏少为主。2018 年，哈尔滨气象台降水量为 651.2 mm，较常年（538.0 mm）偏多 21.0%。

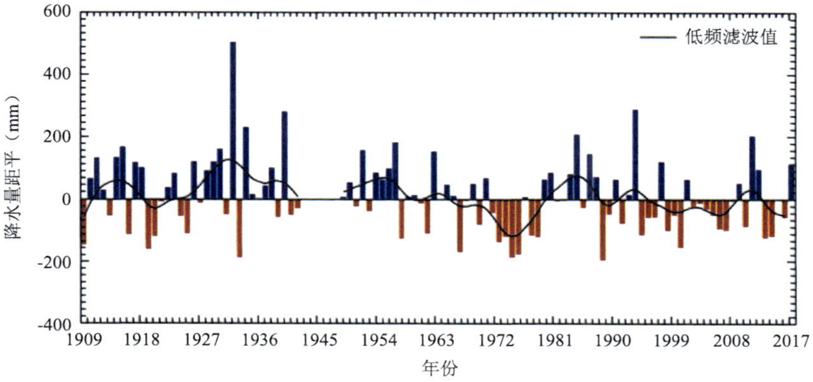


图 1.15　1909—2018 年哈尔滨气象台年降水量距平变化

## 1.3　其他要素

### 1.3.1　相对湿度

1961—2018 年，黑龙江省年平均相对湿度总体无明显增减趋势（图 1.16），但存在明显的年代际波动。20 世纪 60 年代至 70 年代初期相对湿度在常年值附近徘徊，70 年代中期至 80 年代初期相对湿度偏低，80 年代中期至 90 年代中期总体偏高，1996—2009 年总体偏低，2008 年达到最低值，较常年偏低 3.7%，2010—2016 年偏高明显，2013 年达到最高值，较常年偏高 4.9%，2017 年以来偏低。2018 年，黑龙江省平均相对湿度为 64.7%，较常年值（65.9%）偏低 1.2%。

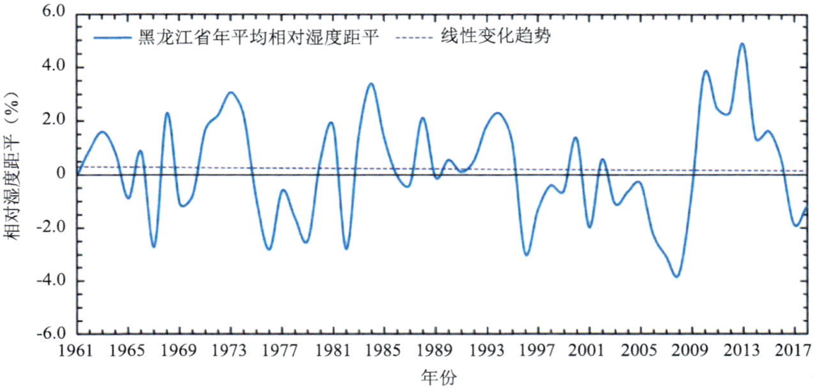


图 1.16　1961—2018 年黑龙江省年平均相对湿度距平变化

### 1.3.2 云量

1961—2018 年，黑龙江省年平均总云量总体变化不明显（图 1.17），但年代际变化明显。20 世纪 60 年代至 70 年代初期总云量偏多，70 年代中期至 2008 年波动变化明显，2001 年最少，2009 年以来总云量总体偏多，呈波动上升趋势，2016 年达到最高值。2018 年，黑龙江省平均总云量为 5.2 成，较常年值（4.7 成）偏多 0.5 成，与 1968 年并列为 1961 年以来的第五高值。

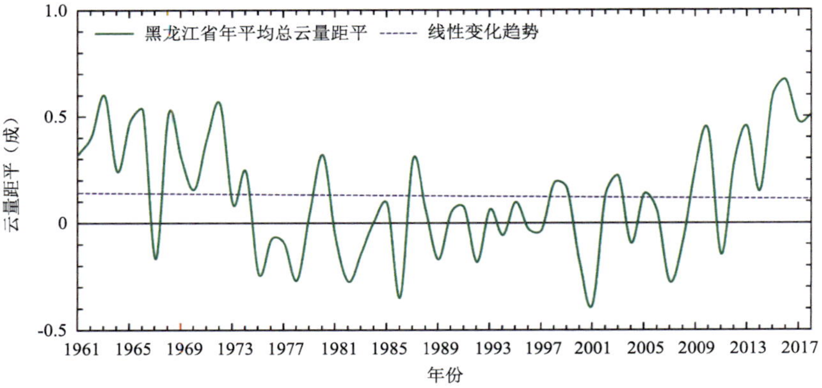


图 1.17　1961—2018 年黑龙江省年平均总云量距平变化

### 1.3.3 风速

1961—2018 年，黑龙江省年平均风速呈显著减少趋势（图 1.18），平均每 10 年减少 0.24 m/s，近 58 年减少了 1.39 m/s。20 世纪 60 年代至 90 年代初期为持续正距平，1961 年平均风速最大，较常年偏大 0.9 m/s，1992—2001 年平均风速呈波动减小，之后转为负距平，风速继续减小，减小幅度增大，2012 年平均风速最小，较常年偏小 0.6 m/s。2018 年，黑龙江省平均风速为2.8 m/s，较常年值（2.9 m/s）偏小 0.1 m/s。

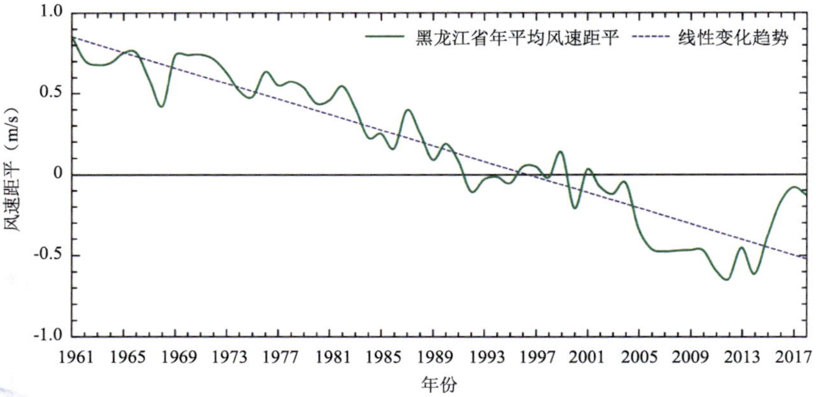


图 1.18　1961—2018 年黑龙江省年平均风速距平变化

## 1.3.4 日照时数

1961—2018 年，黑龙江省平均年日照时数呈显著减少趋势，平均每 10 年减少 36.5 h，近 58 年减少了约 211.7 h（图 1.19）。20 世纪 60 年代至 70 年代日照时数偏多，其中 1967 年最多，达到 2810.1 h，80 年代日照时数波动变化明显，90 年代至 21 世纪最初 10 年呈波动减少，2012 年以来日照时数持续偏少，最小值出现在 2012 年，为 2335.6 h。2018 年，黑龙江省平均日照时数为 2464.3 h，较常年值（2533.9 h）偏少 69.6 h。

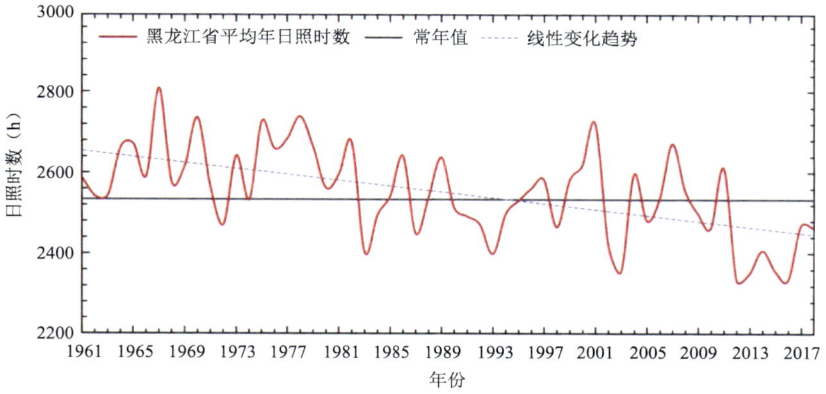


图 1.19 1961—2018 年黑龙江省平均年日照时数变化

# 第 2 章　气候资源

气候资源，通常是指光、热、水、风、大气成分等，是人类生产、生活必不可少的主要自然资源。气候资源分为热量资源、光能资源、水分资源、风能资源等。黑龙江省气候资源丰富，作为农业生态大省，伴随着气候变暖逐步加剧，气候资源也随之发生了改变。本章从光资源、热量资源、霜冻、水资源揭示生长季气候资源变化的观测事实，为气候资源的开发、利用、规划和建设提供必要决策建议。

## 2.1　光资源

1961—2018 年，黑龙江省平均生长季日照时数呈显著减少趋势，平均每 10 年减少 17.4 h，近 58 年减少了约 100.9 h(图 2.1)。生长季日照时数与年日照时数变化非常一致，20 世纪 60 年代和 70 年代日照时数总体偏多，80 年代初期至 90 年代后期总体偏少，90 年代末期以来呈波动减少，其中 2001 年最多，为 1325.4 h，2003 年最少，为 1011.8 h，2012 年以来日照时数持续偏少。2018 年，黑龙江省平均生长季日照时数为 1092.7 h，较常年值(1183.7 h)偏少 91.0 h。

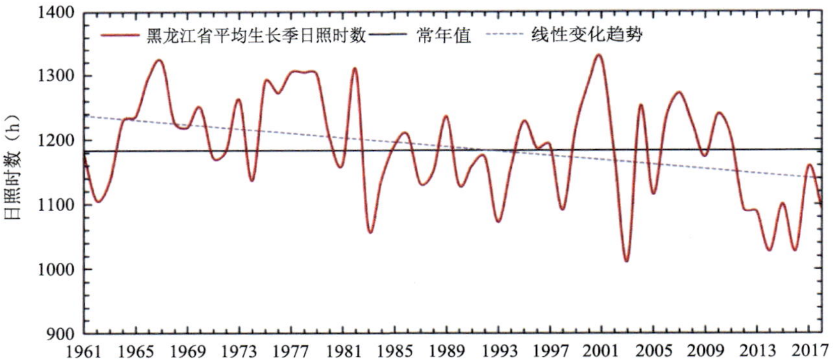


图 2.1　1961—2018 年黑龙江省平均生长季日照时数变化

2018 年，黑龙江省大部地区生长季日照时数为 1000～1200 h，齐齐哈尔大部、大庆大部、呼玛、鹤岗市区、萝北日照时数为 1200～1300 h，黑河市区和甘南为 1300 h 以上，依兰日照时数不足 700 h(图 2.2)。

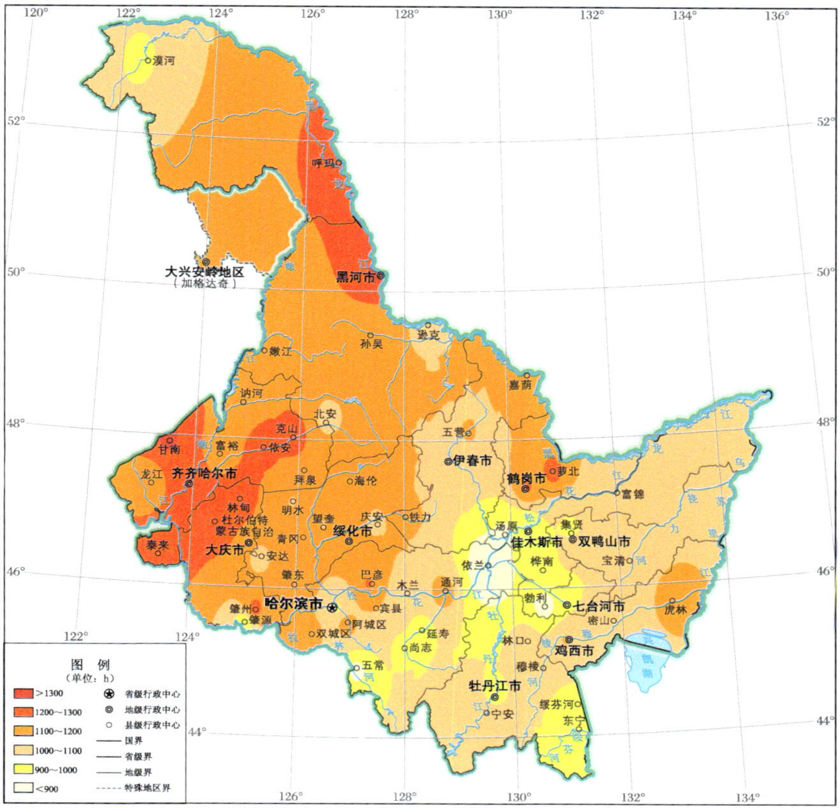


图 2.2　2018 年黑龙江省生长季日照时数空间分布

## 2.2　热量资源

### 2.2.1　各种界限温度初日、终日和积温

1961—2018 年，黑龙江省平均≥0℃活动积温初日呈显著提前趋势，平均每 10 年提前 1.7 d，近 58 年提前了 9.9 d(图 2.3)。20 世纪 60 年代至 80 年代，黑龙江省平均≥0℃活动积温初日处于偏晚阶段，20 世纪 90 年代以来呈波动提前，其中最早年出现在 2008 年，日期为 3 月 13 日，2010 年最晚为 4 月 15 日。2018 年，黑龙江省平均≥0℃活动积温初日为 3 月 29 日，接近常年值。

1961—2018 年，黑龙江省平均≥0℃活动积温终日呈显著推迟趋势，平均每 10 年推迟 1.2 d，近 58 推迟了 7.0 d(图 2.4)。20 世纪 60 年代中期以前，黑龙江省平均≥0℃活动积温终日处于先早后晚阶段，60 年代后期至 80 年代中期处于偏早阶段，其中≥0℃活动积温终日最早年份是 1986 年，日期为 10 月 15 日，80 年代后期以来在波动变化中逐渐偏晚，其中 2011 年最晚，日期为 11 月 6 日。2018 年，黑龙江省平均≥0℃活动积温终日为 11 月 2 日，较常年(10 月 26 日)偏晚 7 d。

1961—2018 年，黑龙江省平均≥0℃活动积温持续天数呈显著增加趋势，平均每 10 年增

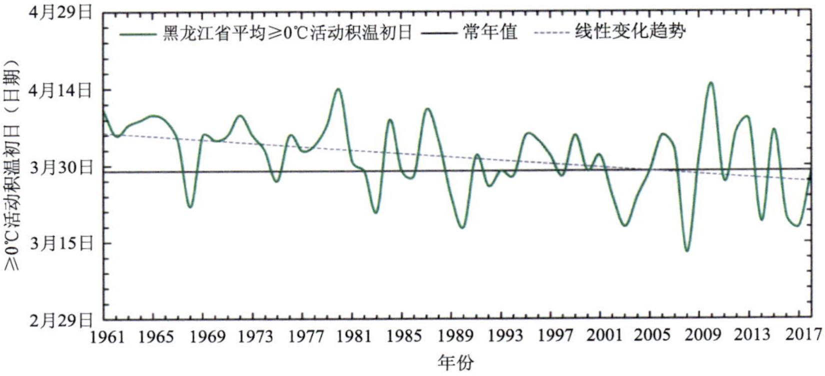


图 2.3　1961—2018 年黑龙江省平均≥0℃活动积温初日变化

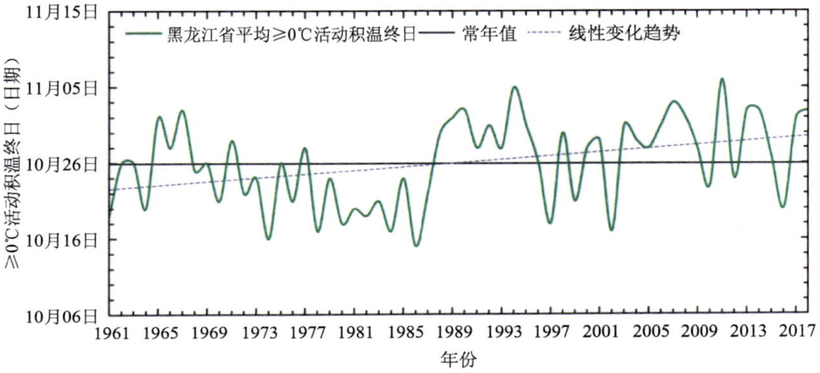


图 2.4　1961—2018 年黑龙江省平均≥0℃活动积温终日变化

加 2.9 d，近 58 年增加了 16.8 d（图 2.5）。20 世纪 60 年代至 80 年代后期，黑龙江省平均≥0℃的活动积温持续天数处于偏少阶段，其中 1980 年最少，约 188 d，1988 年以来波动增加，持续天数最多出现在 2008 年，约 234 d。2018 年，黑龙江省平均≥0℃活动积温持续天数为 220 d，较常年值（212 d）偏多 8 d。

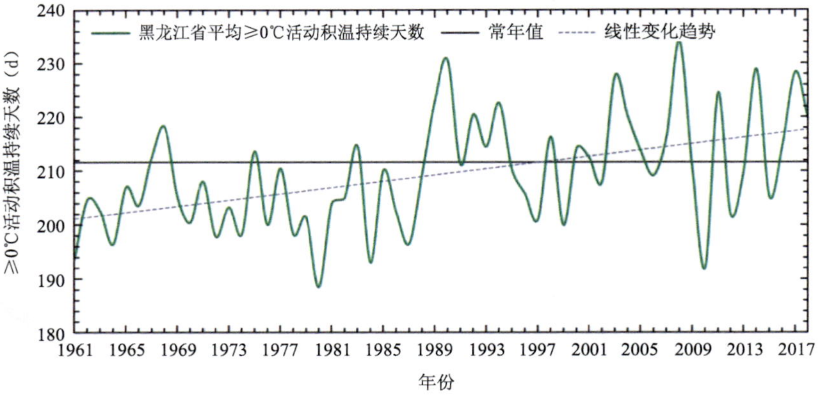


图 2.5　1961—2018 年黑龙江省平均≥0℃活动积温持续天数变化

1961—2018 年，黑龙江省平均≥0℃年活动积温增加非常明显，平均每 10 年增加 64.1 ℃·d，近 58 年增加了 371.8 ℃·d（图 2.6）。20 世纪 60 年代至 80 年代，黑龙江省平均

≥0℃年活动积温处于偏少阶段，其中1969年最少，为2742.9 ℃·d，90年代以来呈波动增加，1998年最多，为3356.7 ℃·d，2000年以来连续19年持续偏多。2018年，黑龙江省平均≥0℃年活动积温为3325.1 ℃·d，较常年值(3118.1 ℃·d)偏多207.0 ℃·d，为1961年以来第三高值。

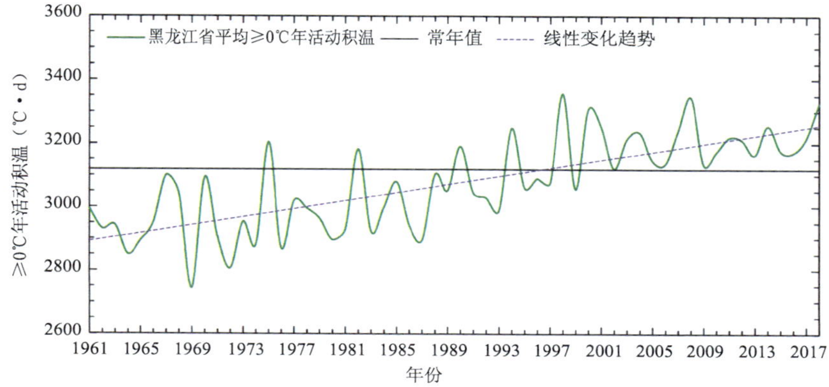


图2.6　1961—2018年黑龙江省平均≥0℃年活动积温变化

2018年，黑龙江省大部地区≥0℃活动积温为3200～3600 ℃·d，齐齐哈尔西南部、大庆大部、哈尔滨市区、双城为3600～3700 ℃·d，肇源在3700 ℃·d以上，大兴安岭大部、伊春中部不足3000 ℃·d(图2.7)。

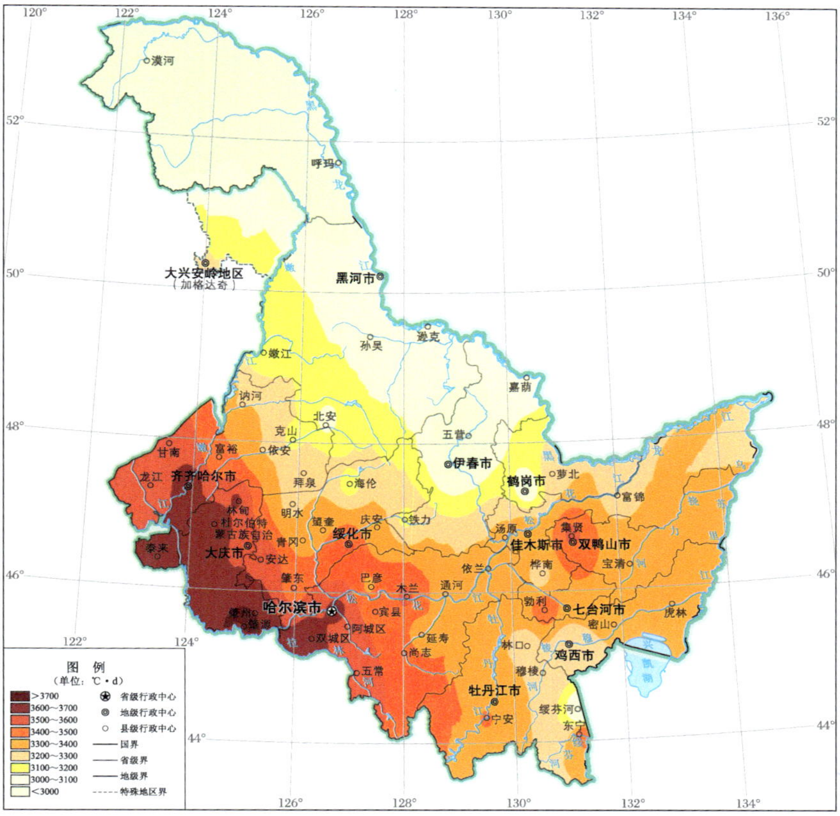


图2.7　2018年黑龙江省≥0℃活动积温空间分布

1961—2018 年，黑龙江省平均≥5℃活动积温初日呈显著提前趋势，平均每 10 年提前 1.1 d，近 58 年提前了 6.4 d(图 2.8)。20 世纪 60 年代至 90 年代中期，黑龙江省平均≥5℃活动积温初日处于偏晚阶段，1987 年最晚，日期为 4 月 29 日，20 世纪 90 年代后期以来总体较常年偏早，最早年出现在 1998 年，日期为 4 月 5 日。2018 年，黑龙江省平均≥5℃活动积温初日为 4 月 12 日，较常年(4 月 16 日)偏早 4 d。

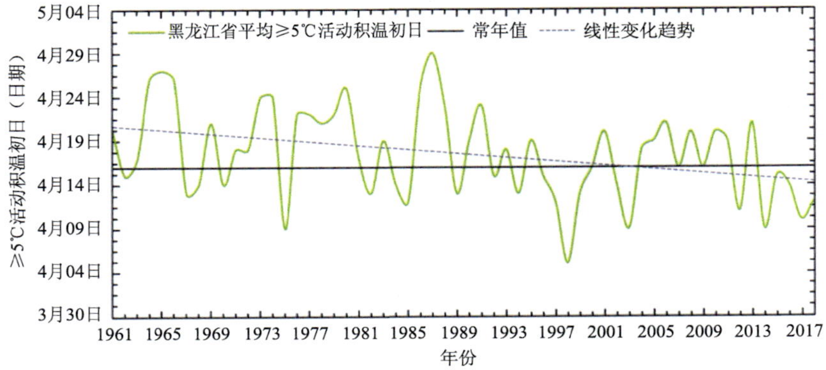


图 2.8　1961—2018 年黑龙江省平均≥5℃活动积温初日变化

1961—2018 年，黑龙江省平均≥5℃活动积温终日呈显著推迟趋势，平均每 10 年推迟 1.0 d，近 58 推迟了 5.8 d(图 2.9)。20 世纪 60 年代至 80 年代末期，黑龙江省平均≥5℃活动积温终日总体偏早，1969 年最早，日期为 9 月 28 日，90 年代以来基本较常年偏晚，1995 年最晚，日期为 10 月 22 日。2018 年，黑龙江省平均≥5℃活动积温终日为 10 月 19 日，较常年(10 月 12 日)偏晚 7 d。

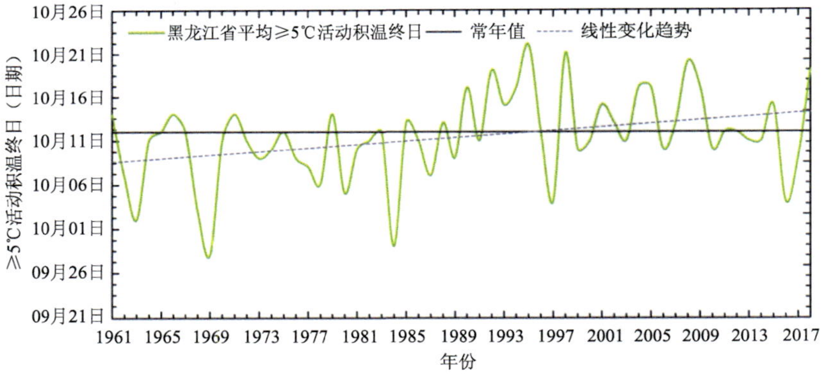


图 2.9　1961—2018 年黑龙江省平均≥5℃活动积温终日变化

1961—2018 年，黑龙江省平均≥5℃活动积温持续天数呈显著增加趋势，平均每 10 年增加 2.1 d，近 58 年增加了 12.2 d(图 2.10)。20 世纪 60 年代至 90 年代初期，黑龙江省平均≥5℃活动积温持续天数基本较常年值偏少，其中 1969 年最少，约 161 d，1992 年以来波动增加，1998 年最多，约 200 d。2018 年，黑龙江省平均≥5℃活动积温持续天数为 190 d，较常年值(180 d)偏多 10 d，为 1961 年以来第二高值。

1961—2018 年，黑龙江省平均≥5℃年活动积温增加非常明显，平均每 10 年增加

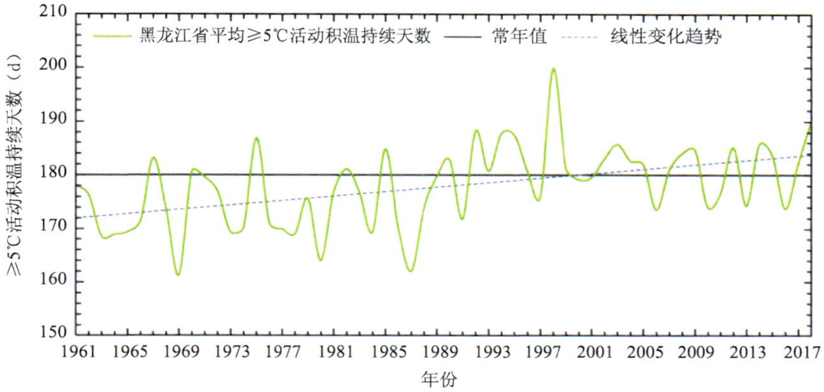


图 2.10 1961—2018 年黑龙江省平均≥5℃活动积温持续天数变化

62.7 ℃·d,近 58 年增加了 363.7 ℃·d(图 2.11)。20 世纪 60 年代至 90 年代初期,黑龙江省平均≥5℃年活动积温处于偏少阶段,其中 1969 年最少,为 2559.4 ℃·d,1994 年以后波动增加,基本较常年值偏多,1998 年最多,为 3291.1 ℃·d。2018 年,黑龙江省平均≥5℃年活动积温为3208.0 ℃·d,较常年值(2997.3 ℃·d)偏多 210.7 ℃·d,为 1961 年以来第二高值。

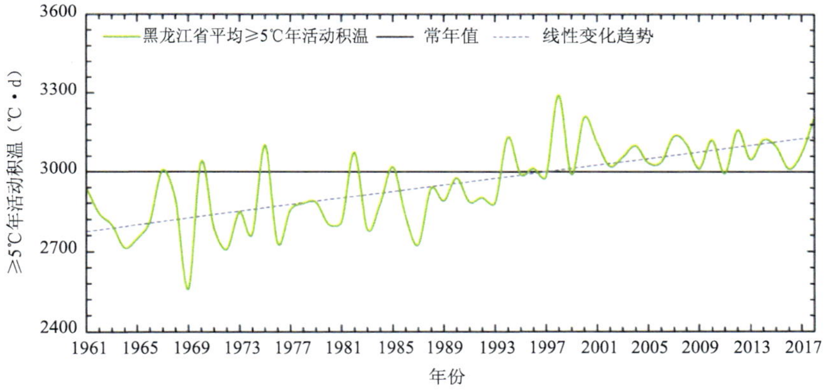


图 2.11 1961—2018 年黑龙江省平均≥5℃年活动积温变化

2018 年,黑龙江省大部地区≥5℃活动积温为 3000～3400 ℃·d,松嫩平原西南部为 3400 ℃·d 以上,其中肇源在 3600 ℃·d 以上,大小兴安岭大部为 2600～3000 ℃·d,漠河不足 2600 ℃·d(图 2.12)。

1961—2018 年,黑龙江省平均≥10℃活动积温初日呈显著提前趋势,平均每 10 年提前 1.3 d,近 58 年提前了 7.5 d(图 2.13)。20 世纪 60 年代至 90 年代中期,黑龙江省平均≥10℃活动积温初日处于偏晚阶段,最晚年出现在 1969 年和 1992 年,日期为 5 月 23 日,20 世纪 90 年代后期以来总体较常年偏早。2018 年,黑龙江省平均≥10℃活动积温初日为 4 月 26 日,较常年(5 月 6 日)偏早 10 d,为 1961 年以来历史第一位。

1961—2018 年,黑龙江省平均≥10℃活动积温终日呈显著推迟趋势,平均每 10 年推迟 1.0 d,近 58 年推迟了 5.8 d(图 2.14)。20 世纪 60 年代至 80 年代前期,黑龙江省平均≥10℃活动积温终日处于偏早阶段,20 世纪 80 年代后期至 2001 年波动性较大,最早年出现在 1964

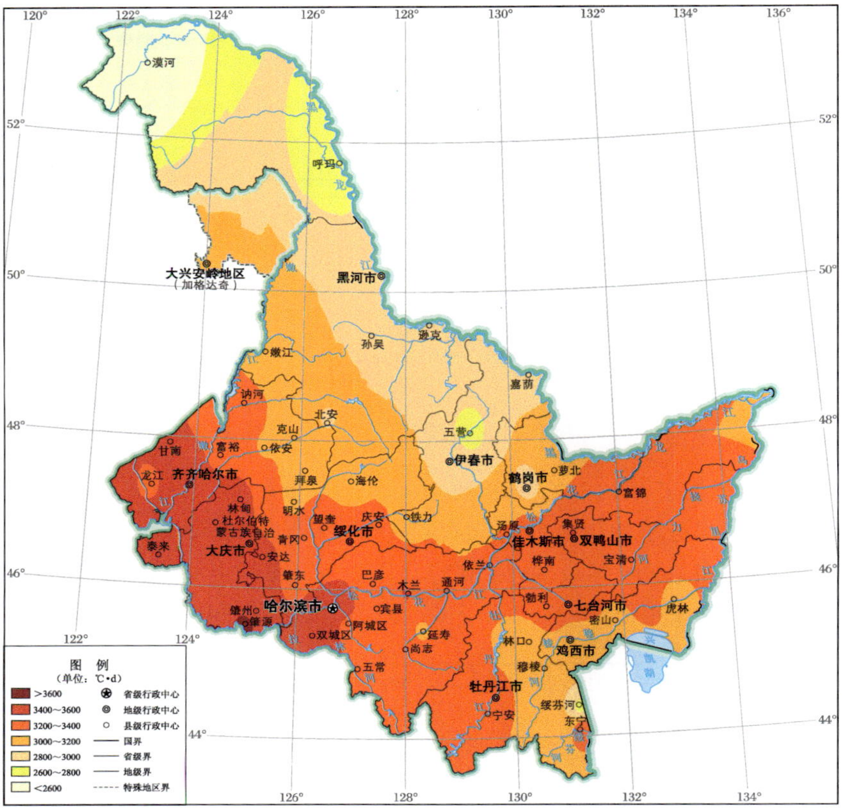


图 2.12　2018 年黑龙江省≥5℃活动积温空间分布

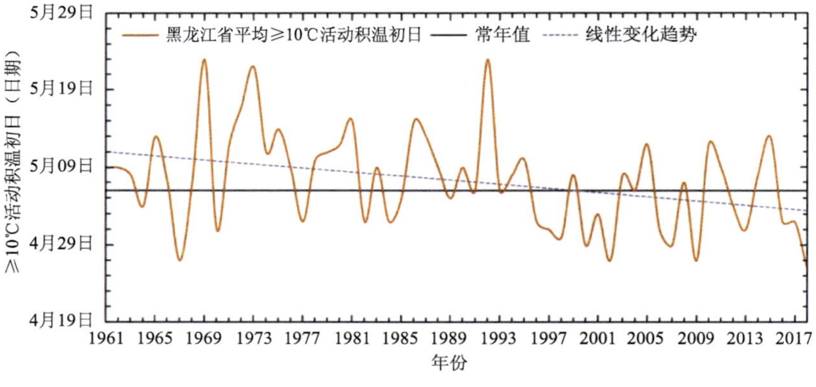


图 2.13　1961—2018 年黑龙江省平均≥10℃活动积温初日变化

年、1966 年和 1999 年，日期为 9 月 16 日，2002 年以来处于偏晚阶段，2012 年最晚为 10 月 5 日。2018 年，黑龙江省平均≥10℃活动积温终日为 10 月 3 日，较常年（9 月 24 日）偏晚 9 d，为 1961 年以来历史第二位。

1961—2018 年，黑龙江省平均≥10℃活动积温持续天数呈显著增加趋势，平均每 10 年增加 2.3 d，近 58 年增加了 13.3 d（图 2.15）。20 世纪 60 年代至 90 年代初期平均≥10℃活动积

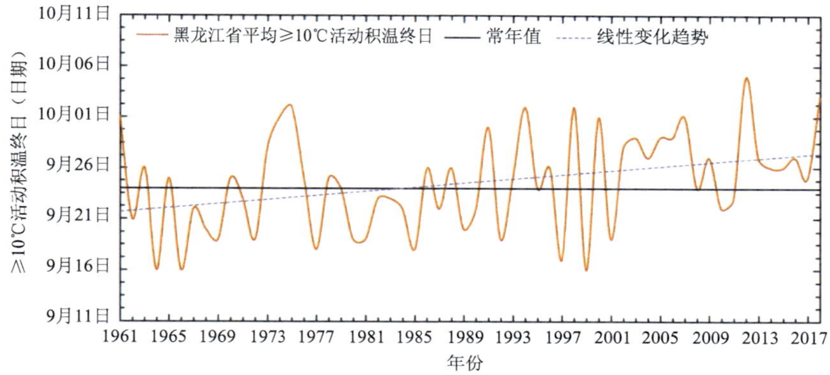


图 2.14　1961—2018 年黑龙江省平均≥10℃活动积温终日变化

温持续天数基本较常年值偏少，其中 1992 年最少，约 120 d，90 年代中期以来在波动变化中逐渐增加。2018 年，黑龙江省平均≥10℃活动积温持续天数为 161 d，较常年值（142 d）偏多 19 d，为 1961 年以来第一高值。

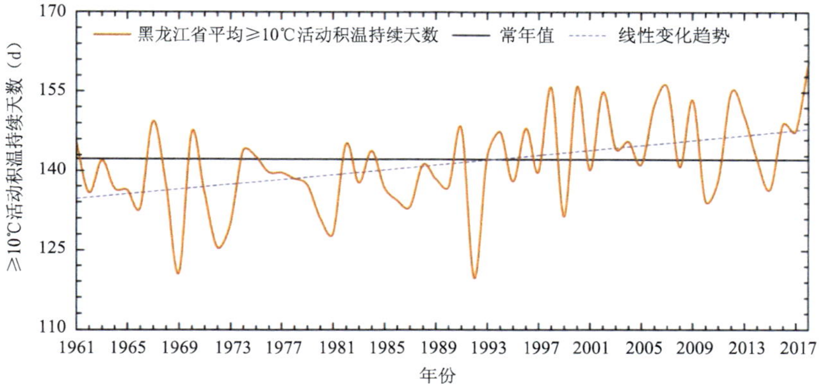


图 2.15　1961—2018 年黑龙江省平均≥10℃活动积温持续天数变化

1961—2018 年，黑龙江省平均≥10℃年活动积温增加非常明显，平均每 10 年增加 66.3 ℃·d，近 58 年增加了 384.5 ℃·d（图 2.16）。20 世纪 60 年代至 90 年代初期，黑龙江省平

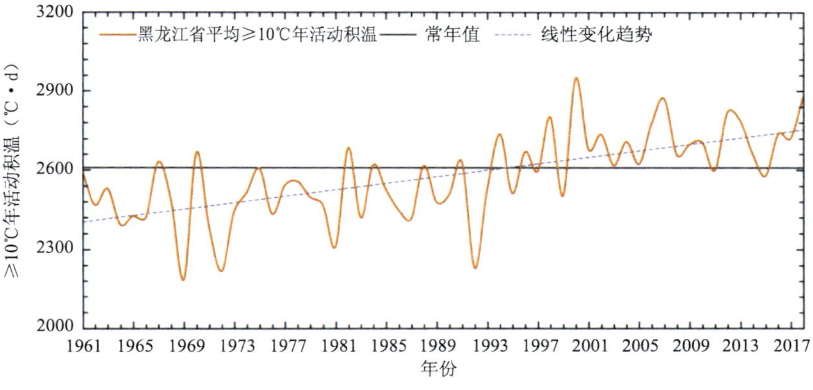


图 2.16　1961—2018 年黑龙江省平均≥10℃年活动积温变化

均≥10℃年活动积温处于偏少阶段,其中1969年最少,为2201.2 ℃·d,90年代中期以来呈波动增加,总体较常年值偏多,2000年达到最高值,为3031.7 ℃·d。2018年,黑龙江省平均≥10℃年活动积温为2956.9 ℃·d,较常年值(2660.8 ℃·d)偏多296.1 ℃·d,为1961年以来第二高值。

2018年,黑龙江省大部地区≥10℃活动积温为2600~3200 ℃·d,松嫩平原西南部为3200 ℃·d以上,大兴安岭北部和东部、小兴安岭东南部不足2400 ℃·d(图2.17)。

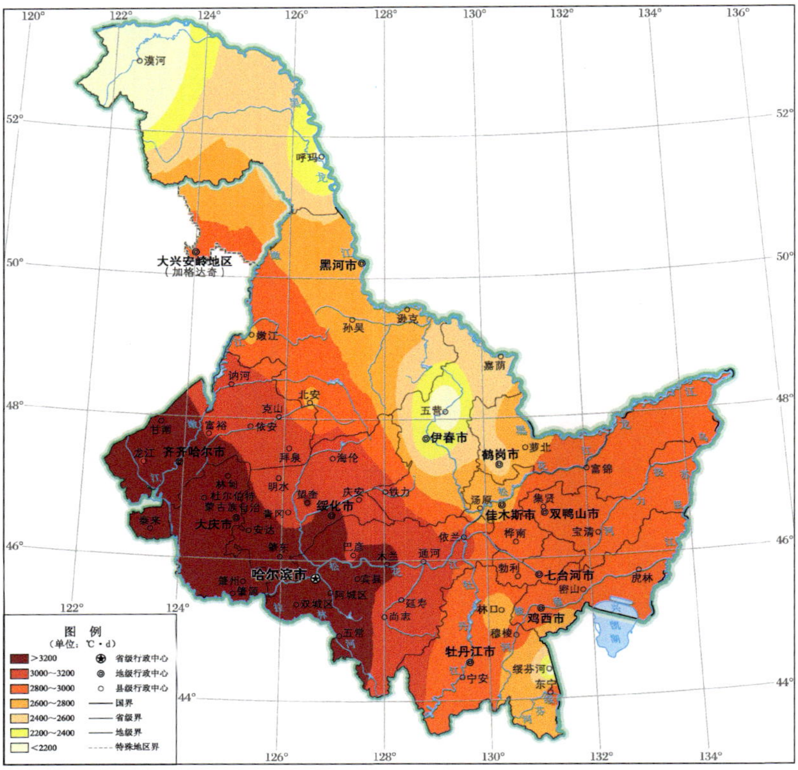


图2.17　2018年黑龙江省≥10℃活动积温空间分布

1961—2018年,黑龙江省平均≥20℃活动积温初日呈显著提前趋势,平均每10年提前1.5 d,近58年提前了8.7 d(图2.18)。20世纪60年代至70年代呈波动变化,80年代至90年代初期为偏晚阶段,最晚年出现在1983年,日期为7月25日,90年代中期至2005年总体较常年偏早,期间2000年为最早年份,日期为6月12日,2006年以来在波动变化中逐渐提前。2018年,黑龙江省平均≥20℃活动积温初日为7月3日,较常年(7月2日)偏晚1 d。

1961—2018年,黑龙江省平均≥20℃活动积温终日呈显著推迟趋势,平均每10年推迟1.3 d,近58年推迟了7.5 d(图2.19)。20世纪60年代至70年代初期为偏早时段,其中1971年为最早年,日期为7月11日,70年代中期以来在波动变化中逐渐推迟,最晚年出现在2013年和2015年,日期为8月21日。2018年,黑龙江省平均≥20℃活动积温终日为8月12日,较常年(8月8日)偏晚4 d。

1961—2018年,黑龙江省平均≥20℃活动积温持续天数呈显著增加趋势,平均每10年增加3.5 d,近58年增加了20.3 d(图2.20)。20世纪60年代至90年代初期处于偏少阶段,期

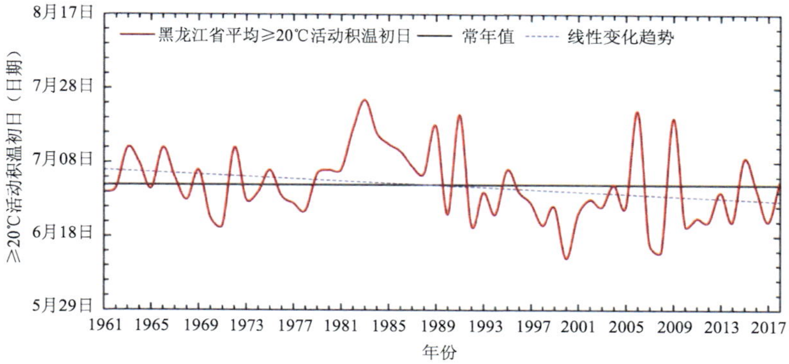


图 2.18 1961—2018 年黑龙江省平均≥20℃活动积温初日变化

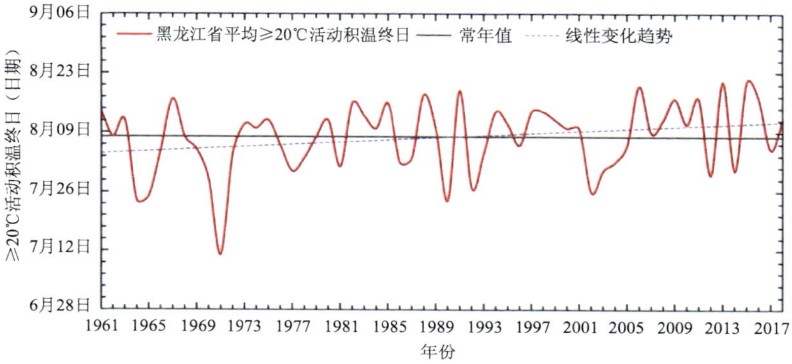


图 2.19 1961—2018 年黑龙江省平均≥20℃活动积温终日变化

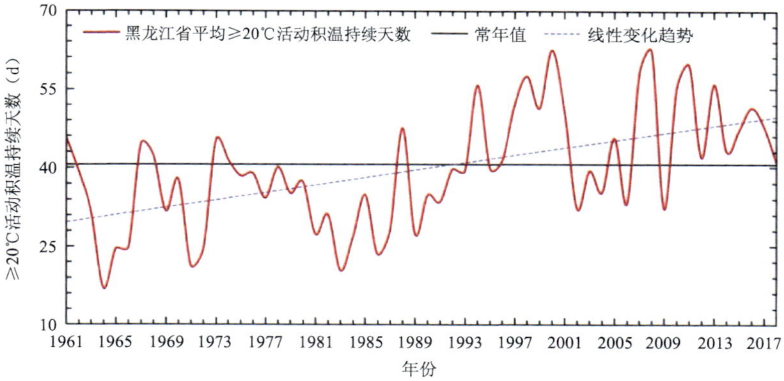


图 2.20 1961—2018 年黑龙江省平均≥20℃活动积温持续天数变化

间 1964 年出现历史最少天数约 17 d，90 年代中期以来波动增加，尤其 2010 年以后持续偏多，2000 年和 2008 年达到最高值为 62 d。2018 年，黑龙江省平均≥20℃活动积温持续天数为 41 d，接近常年值。

1961—2018 年，黑龙江省平均≥20℃年活动积温增加非常明显，平均每 10 年增加 66.6 ℃·d，近 58 年增加了 386.3 ℃·d(图 2.21)。20 世纪 60 年代至 90 年代初期处于偏少阶段，其中 1964 年出现最小值为 378.3 ℃·d，1994—2001 年以偏多为主，2000 年达到最大值为 1389.8 ℃·d，2002 年以来呈波动增加，尤其 2010 年以来持续偏多。2018 年，黑龙江省平均≥20℃年活动积温 938.2 ℃·d，较常年值(862.9 ℃·d)偏多 75.3 ℃·d。

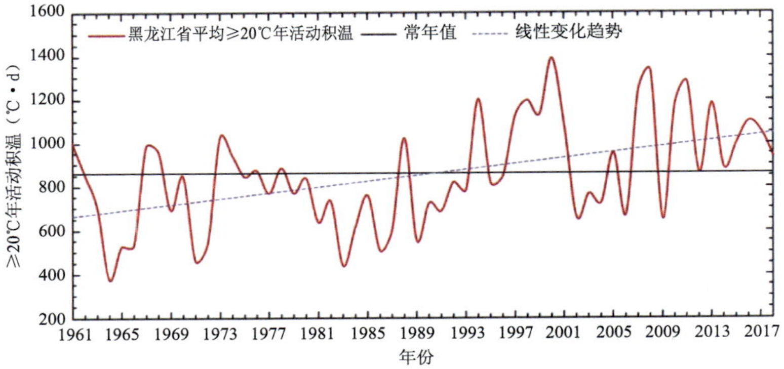


图 2.21　1961—2018 年黑龙江省平均≥20℃年活动积温变化

2018 年，黑龙江省大部地区≥20℃活动积温为 600～1000 ℃·d，松嫩平原西南部为 1000 ℃·d 以上，大兴安岭北部和东部、小兴安岭个别市县不足 600 ℃·d(图 2.22)。

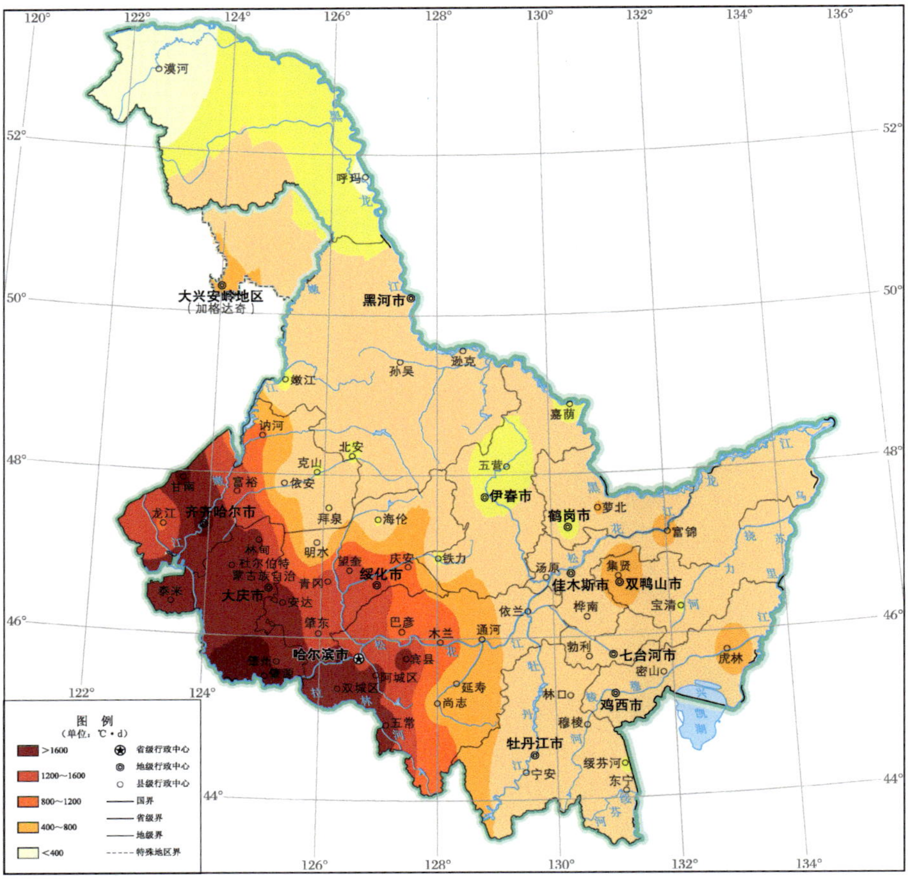


图 2.22　2018 年黑龙江省≥20℃活动积温空间分布

## 2.2.2　霜冻

1961—2018 年，黑龙江省无霜期呈显著的增加趋势，平均每 10 年增加 4.4 d，近 58 年增加了 25.5 d(图 2.23)。20 世纪 60 年代至 90 年代无霜期处于偏少阶段,1972 年最短为115 d,进入 21 世纪明显增加,尤其是 2004 年以来连续 15 年高于常年值,2012 年最长,为 154 d。2018 年,黑龙江省无霜期为 146 d,较常年值(132 d)偏多 14 d,与 2016 年并列为 1961 年以来的第四高值。

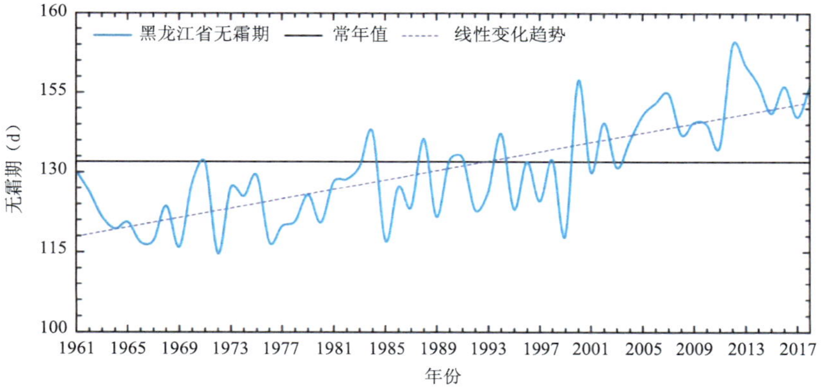


图 2.23 1961—2018 年黑龙江省无霜期变化

2018 年,黑龙江省大部地区无霜期为 140～160 d,大兴安岭西南部、黑河、齐齐哈尔东北部、伊春中部、依兰、鹤岗市区、富锦、宝清无霜期为 120～140 d,牡丹江东部、双鸭山市区、集贤、汤源、桦南、勃利等为 160 d 以上,漠河和呼玛不足 120 d(图 2.24)。

图 2.24 2018 年黑龙江省无霜期空间分布

1961—2018 年，黑龙江省初霜日推迟明显，平均每 10 年推迟 1.7 d，近 58 年推迟了 9.9 d（图 2.25）。20 世纪 60 年代至 80 年代为初霜日偏早阶段，最早年份是 1967 年，出现日期为 9 月 11 日，90 年代至 21 世纪前 10 年初期波动较大，2003 年以来基本较常年偏晚，最晚出现在 2012 年，日期为 10 月 7 日。2018 年，黑龙江省初霜日为 10 月 1 日，较常年（9 月 25 日）偏晚 6 d，与 2007 年并列为 1961 年以来的第五位。

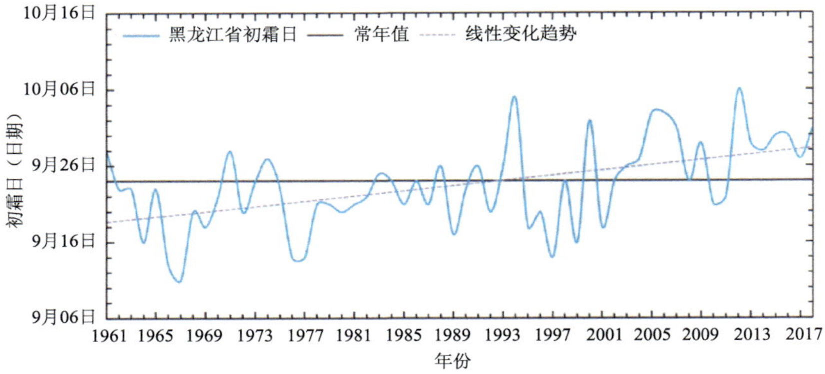


图 2.25　1961—2018 年黑龙江省初霜日变化

1961—2018 年，黑龙江省终霜日提前明显，平均每 10 年提前 2.9 d，近 58 年提前了约 16.8 d（图 2.26）。20 世纪 60 年代至 70 年代处于偏晚阶段，终霜日最晚年出现在 1972 年，日期为 5 月 28 日，80 年代至 21 世纪前 10 年初期呈波动提前，2004 年以来提前趋势尤为明显，连续 15 年终霜日较常年值偏早，最早年发生在 2013 年 4 月 30 日出现终霜冻。2018 年，黑龙江省终霜日为 5 月 6 日，较常年（5 月 14 日）偏早 8 d，为 1961 年以来的第五位。

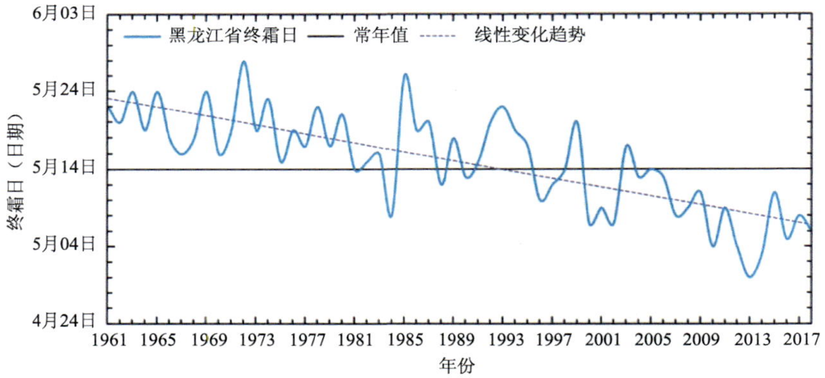


图 2.26　1961—2018 年黑龙江省终霜日变化

## 2.3　水资源

1961—2018 年，黑龙江省平均年降水量呈微弱的增加趋势（图 2.27）。自 1961 年以来，黑龙江省平均年降水量偏多年份共 30 年，600 mm 以上的年份有 10 年，其中 2012 年以来就有 3 年，分别为 2013 年、2018 年、2012 年，2018 年为 1961 年以来第三多水年。

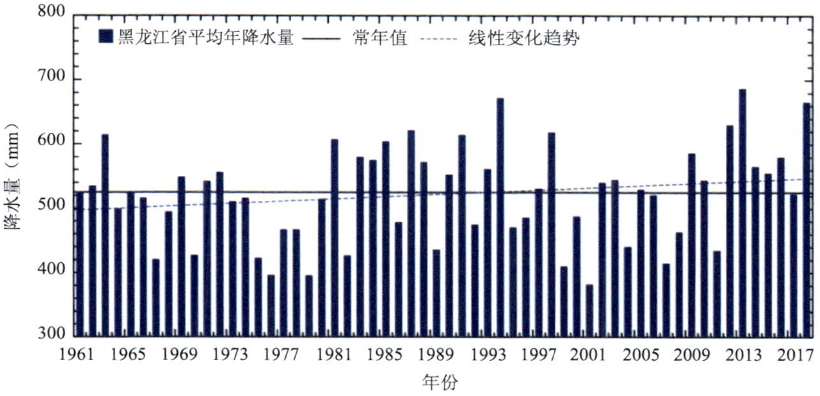


图 2.27　1961—2018 年黑龙江省平均年降水量变化

1961—2018 年，黑龙江省平均生长季降水量无明显增减趋势（图 2.28），但存在阶段性变化特征，平均生长季降水量与年平均降水量变化基本一致。20 世纪 60 年代中期以前、80 年代至 90 年代后期降水量较常年值偏多，60 年代中期至 70 年代、90 年代末期至 21 世纪最初 10 年总体处于降水偏少阶段，2012 年以来连续 7 年持续偏多。2018 年，黑龙江省平均生长季降水量为 564.9 mm，较常年值（440.3 mm）偏多 28％。

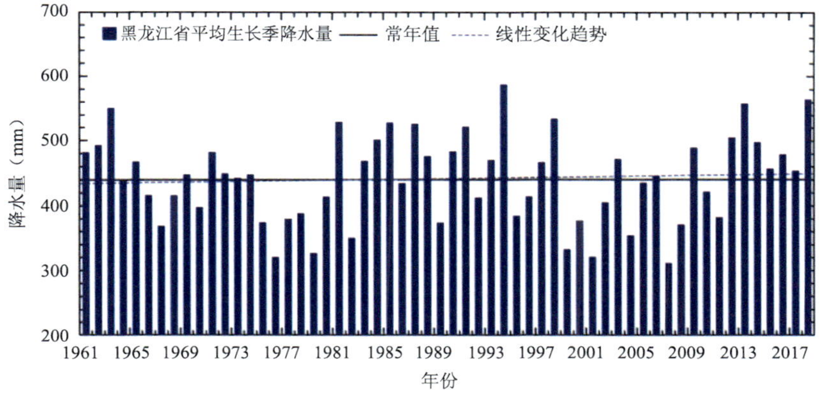


图 2.28　1961—2018 年黑龙江省平均生长季降水量变化

2018 年，黑龙江省大部地区生长季降水量为 500～700 mm，伊春中部、哈尔滨中部降水量为 700～800 mm，延寿和通河超过 800 mm，漠河、呼玛、肇源不足 400 mm（图 2.29）。

1961—2018 年，黑龙江省平均生长季小雨降水量占生长季总降水量百分比和小雨日数占生长季总降水日数百分比均呈显著减小趋势（图 2.30），平均每 10 年分别减小 0.6％和 0.7％，近 58 年分别减小了 3.5％和 4.1％。两者年代际变化基本一致，20 世纪 60 年代和 70 年代两者整体偏多，80 年代以来在波动变化中逐渐减小。1961—2018 年平均生长季小雨降水量百分比为 31.6％，高值出现在 1976 年，占生长季总降水量的 40.4％，低值出现在 2018 年，为 24.2％；1961—2018 年平均生长季小雨日数百分比为 77.9％，高值出现在 2001 年 82.8％，低值出现在 1994 年，为 71.8％。2018 年，黑龙江省平均生长季小雨降水量和小雨日数百分比分别为 24.2％和 73.1％，分别较常年值偏少（31.3％）6.9％和（77.1％）4.0％，其中生长季小

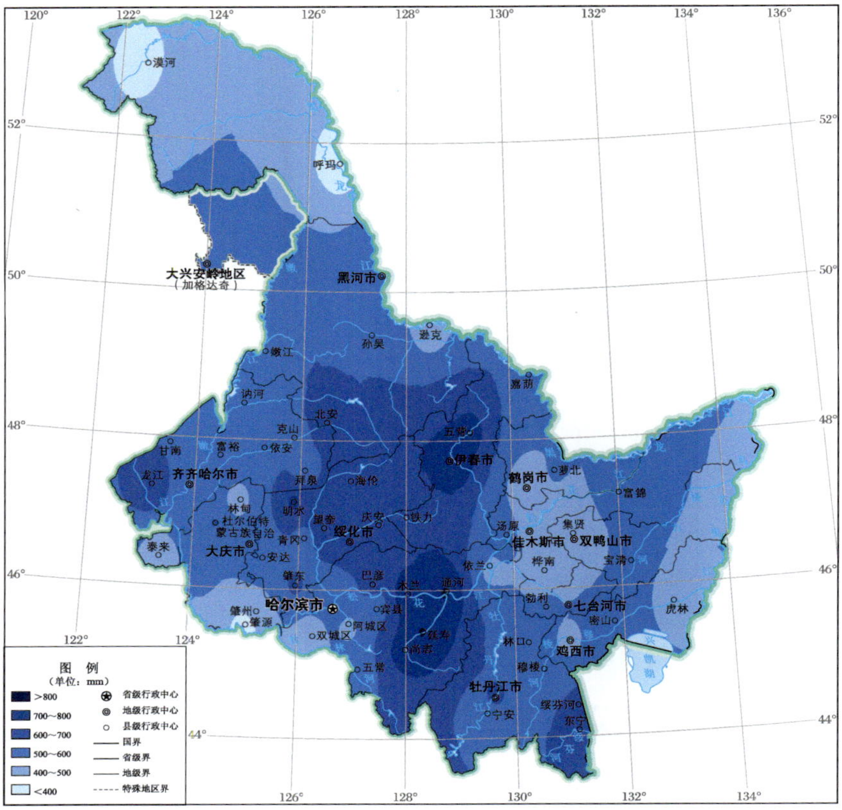


图 2.29　2018 年黑龙江省生长季降水量空间分布

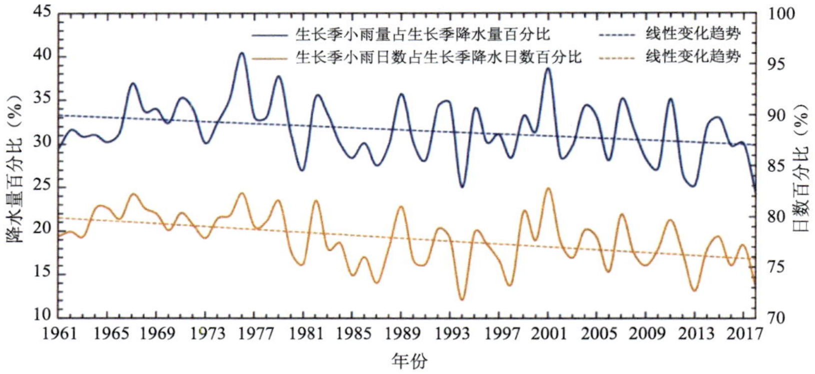


图 2.30　1961—2018 年黑龙江省平均生长季小雨量占生长季降水量百分比
和生长季小雨日数占生长季降水日数百分比变化

雨降水量百分比为 1961 年以来最小值。

1961—2018 年，黑龙江省平均生长季中雨降水量占生长季总降水量百分比线性变化趋势不明显，而中雨日数占生长季总降水日数百分比呈显著增加趋势，平均每 10 年增加 0.5%，近 58 年增加了 2.9%(图 2.31)。1961—2018 年平均生长季中雨降水量百分比为 37.1%，进入

21 世纪，平均生长季中雨降水量百分比波动变化较大，高值和低值都出现在此阶段，分别为 2016 年的 42.1%和 2012 年的 32.3%；1961—2018 年平均生长季中雨日数百分比为 16.2%，20 世纪 60 年代至 70 年代末期处于偏少阶段，80 年代初期至 90 年代后期总体较常年值偏多，1999 年后迅速下降，2001 年达到最低值 12.5%，此后波动增加，最高值出现在 2016 年，为 19.3%。2018 年，黑龙江省平均生长季中雨降水量百分比为 32.9%，较常年值（36.9%）偏少 4.0%，中雨日数百分比为 17.6%，较常年值（16.7%）偏多 0.9%，其中黑龙江省平均生长季中雨降水量百分比为 1961 年以来第四小值。

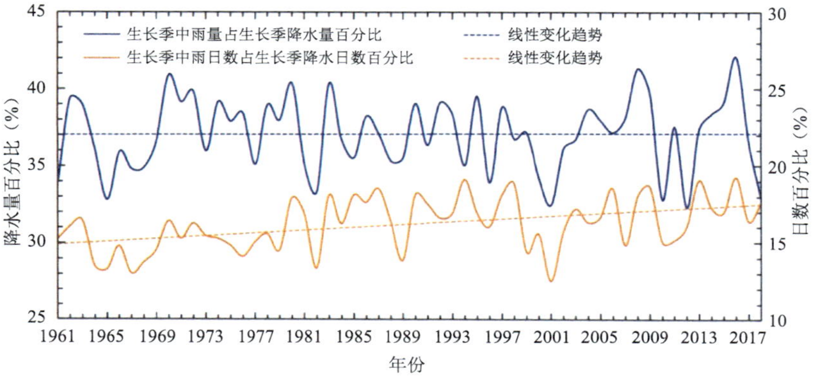


图 2.31　1961—2018 年黑龙江省平均生长季中雨量占生长季降水量百分比和生长季中雨日数占生长季降水日数百分比变化

1961—2018 年，黑龙江省平均生长季大雨降水量占生长季总降水量百分比线性变化趋势不明显，而大雨日数占生长季总降水日数百分比呈显著增加趋势，平均每 10 年增加 0.2%，近 58 年增加了 1.2%（图 2.32）。1961—2018 年平均生长季大雨降水量和大雨日数百分比分别为 23.0%和 4.9%，两者年代际变化基本一致，20 世纪 60 年代至 70 年代处于偏少阶段，最低值均出现在 1976 年，分别为 17.4%和 3.1%，80 年代以来，生长季大雨降水量百分比呈波动变化，最高值出现在 2010 年，为 31.2%，而生长季大雨日数百分比在波动变化中逐渐增加，最高值出现在 1994 年，为 7.4%。2018 年，黑龙江省平均生长季大雨降水量和大雨日数百分比

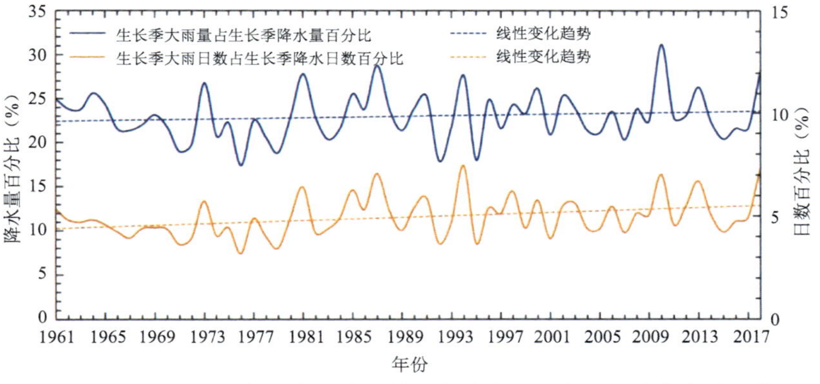


图 2.32　1961—2018 年黑龙江省平均生长季大雨量占生长季降水量百分比和生长季大雨日数占生长季降水日数百分比变化

分别为 28.3%和 7.3%，分别较常年值偏多(23.5%)4.8%和(5.2%)2.1%，分别为 1961 年以来历史第三高值和第二高值。

1961—2018 年，黑龙江省生长季暴雨及以上降水量占生长季总降水量百分比和暴雨及以上降水日数占生长季总降水日数百分比均呈增加趋势，平均每 10 年分别增加 0.3%和 0.1%，其中暴雨及以上降水日数百分比显著增加，近 58 年增加了 0.6%(图 2.33)。1961—2018 年平均生长季暴雨及以上降水量和降水日数百分比分别为 8.3%和 1.0%，两者年代际变化基本一致，20 世纪 60 年代中期以前波动明显，60 年代后期至 2005 年在波动变化中缓慢增加，2006 年以来波动变化较大，生长季暴雨及以上降水量和降水日数百分比的高值及低值都出现在此阶段，高值均出现在 2012 年，分别为 18.0%和 2.0%，低值均出现在 2008 年，分别为 3.0%和 0.3%。2018 年，黑龙江省平均生长季暴雨及以上降水量和降水日数百分比分别为 14.7%和 2.0%，分别较常年值偏多(8.5%)6.2%和(1.0%)1.0%，均为 1961 年以来历史第二高值。

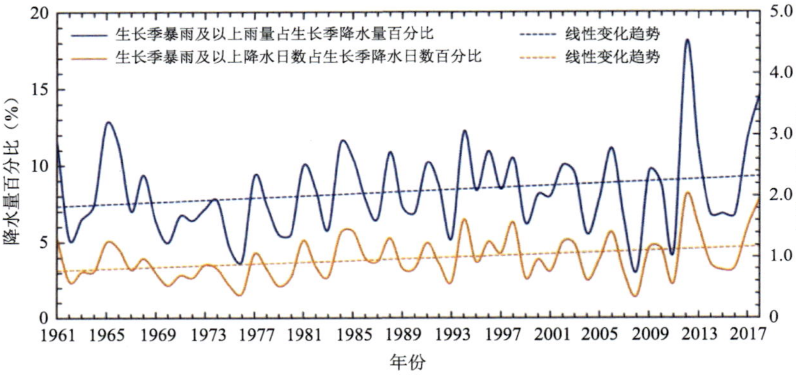


图 2.33　1961—2018 年黑龙江省平均生长季暴雨及以上雨量占生长季降水量百分比和生长季暴雨及以上降水日数占生长季降水日数百分比变化

# 第 3 章　陆地生态

陆地生态系统具有强大的服务功能，不仅为人类和其他生命提供食物和生存环境，同时也为维持地球大气成分的稳定和水分及养分循环发挥重要作用。气候变化会改变陆地的森林和植被覆盖、农田的生产力、草地的产量，以及湿地和生态系统的健康，陆地生态系统的这些变化反过来也会对局地、区域甚至全球的气候产生影响。气候变化对陆地生态系统的强烈影响正在改变着生态系统固有的自然过程，其后果已经、并将愈来愈重地威胁人类的生存环境及社会经济的可持续发展。

## 3.1　地表温度

1961—2018 年，黑龙江省年平均地表温度呈显著上升趋势，平均每 10 年上升 0.89℃，近 58 年上升了约 5.16℃，增温幅度远高于地表气温的增温幅度（1.97℃）（图 3.1）。20 世纪 60 年代至 80 年代年平均地表温度偏低，1969 年最低，低于常年值 3.2℃，90 年代至 21 世纪最初 10 年初期在波动变化中逐渐上升，2003 年以来，持续高于常年值，升高趋势特别明显，2014 年达到最高值，大幅高于常年值 3.6℃。2018 年，黑龙江省年平均地表温度为 7.7℃，较常年值（5.2℃）偏高 2.5℃。

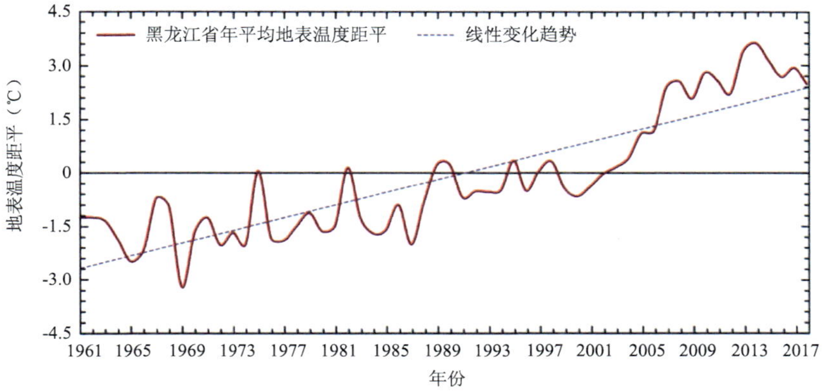


图 3.1　1961—2018 年黑龙江省年平均地表温度距平变化

2018 年，黑龙江省地表温度除泰来偏低外，其他地区接近常年或偏高，且大部地区偏高 1～3℃，大小兴安岭、哈尔滨个别市县等偏高 3℃以上，其中黑河东北部、伊春北部偏高 4～5℃，漠河偏高 5℃以上（图 3.2）。

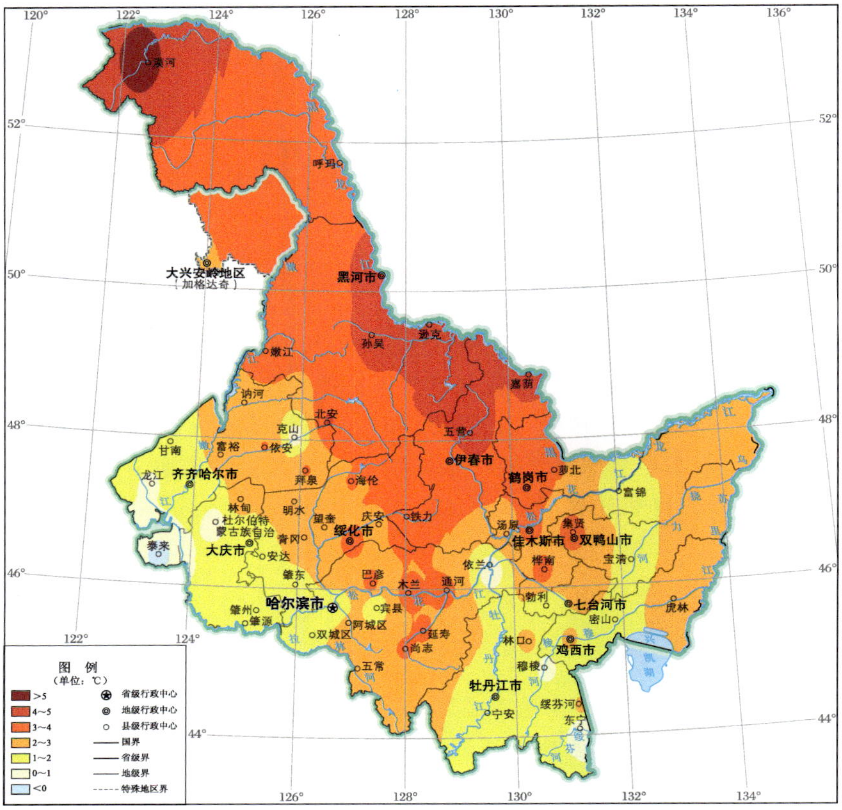

图 3.2　2018 年黑龙江省平均地表温度空间分布

## 3.2　积雪

1961—2018 年，黑龙江省年最大积雪深度增加明显，平均每 10 年增加 1.8 cm，近 58 年增加了 10.4 cm(图 3.3)。20 世纪 60 年代至 90 年代中期处于偏少阶段，90 年代后期以来波动增加，尤其是 2009 年以来连续 10 年持续正距平。2013 年、2010 年和 2014 年是排名前三位的最大积雪深度高值年，1975 年、1976 年和 1998 年是排名前三位的低值年。2018 年，黑龙江省

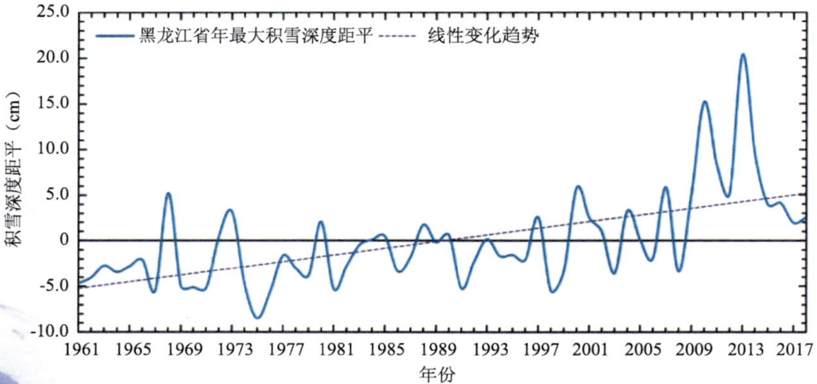

图 3.3　1961—2018 年黑龙江省年最大积雪深度变化

最大积雪深度为 19.3 cm，较常年值(16.8 cm)偏高 2.5 cm。

1961—2018 年，黑龙江省积雪初日呈显著推迟趋势，平均每 10 年推迟 2.4 d，近 58 年推迟了 13.9 d(图 3.4)。20 世纪 60 年代至 80 年代末期为积雪初日偏早阶段，90 年代以后基本较常年值偏晚。排名前三位的积雪初日偏早年分别为 1963 年、1978 年和 1980 年(1997 年、1987 年)，2005 年、1995 年和 2015 年为排名前三位的积雪初日偏晚年。2018 年，黑龙江省积雪初日为 11 月 3 日，较常年(10 月 29 日)偏晚 5 d。

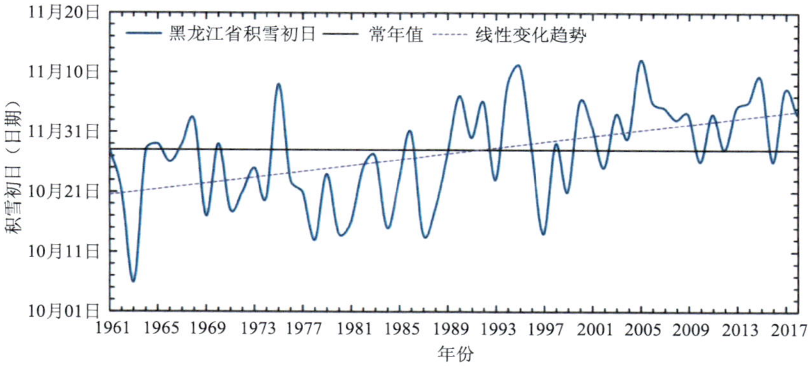


图 3.4 1961—2018 年黑龙江省积雪初日变化

1961—2018 年，黑龙江省积雪终日呈显著提前趋势，平均每 10 年提前 2.5 d，近 58 年提前了 14.5 d(图 3.5)。20 世纪 60 年代至 80 年代末期为积雪终日偏晚时段，90 年代以后波动提前明显，尤其是近 5 年，积雪终日持续偏早。排名前三位的积雪终日偏早年分别为 2017 年、2014 年和 2016 年，1976 年、1987 年(1974 年、1983 年)和 1980 年为排名前三位的积雪终日偏晚年。2018 年，黑龙江省积雪终日为 3 月 26 日，较常年(4 月 8 日)偏早 13 d。

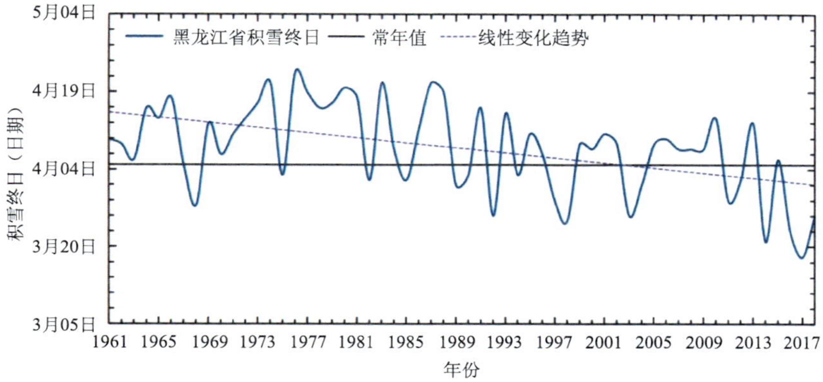


图 3.5 1961—2018 年黑龙江省积雪终日变化

## 3.3 冻土

1961—2018 年，黑龙江省年季节性冻土最大深度呈显著减少趋势，平均每 10 年减少9.1 cm，近 58 年减少了约 52.8 cm(图 3.6)。20 世纪 60 年代至 80 年代后期最大冻土深度处于偏多阶段，1989 年以来在波动变化中明显减少，基本处于偏少阶段。1969 年、1977 年和 1970 年是排名前三位的最大冻土深度高值年，2014 年、2011 年和 1989 年是排名前三位的低值年。2018 年，黑龙江省年季节性冻土最大深度为 168.1 cm，较常年（165.2 cm）偏多 2.9 cm。

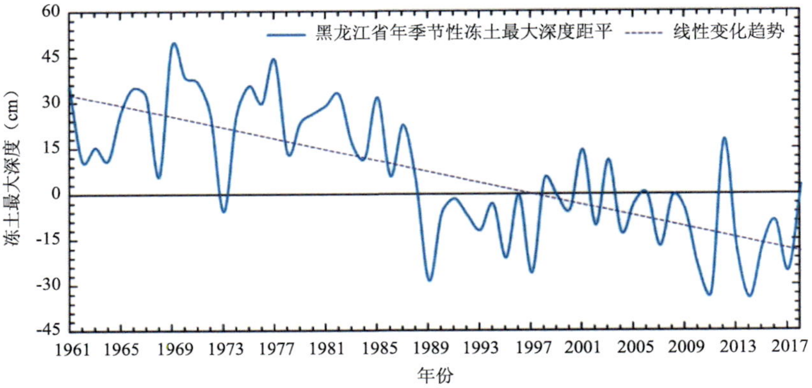


图 3.6　1961—2018 年黑龙江省年季节性冻土最大深度变化

2018 年，绥化大部、哈尔滨部分市县、伊春中部、牡丹江季节性冻土最大深度为 140～160 cm，黑河南部、齐齐哈尔大部、佳木斯、安达及绥芬河市区为 160～180 cm，大兴安岭大部、黑河北部、克山、鹤岗市区、宝清为 180～200 cm，呼玛和黑河市区在 200 cm 以上，尚志和铁力不足 140 cm（图 3.7）。

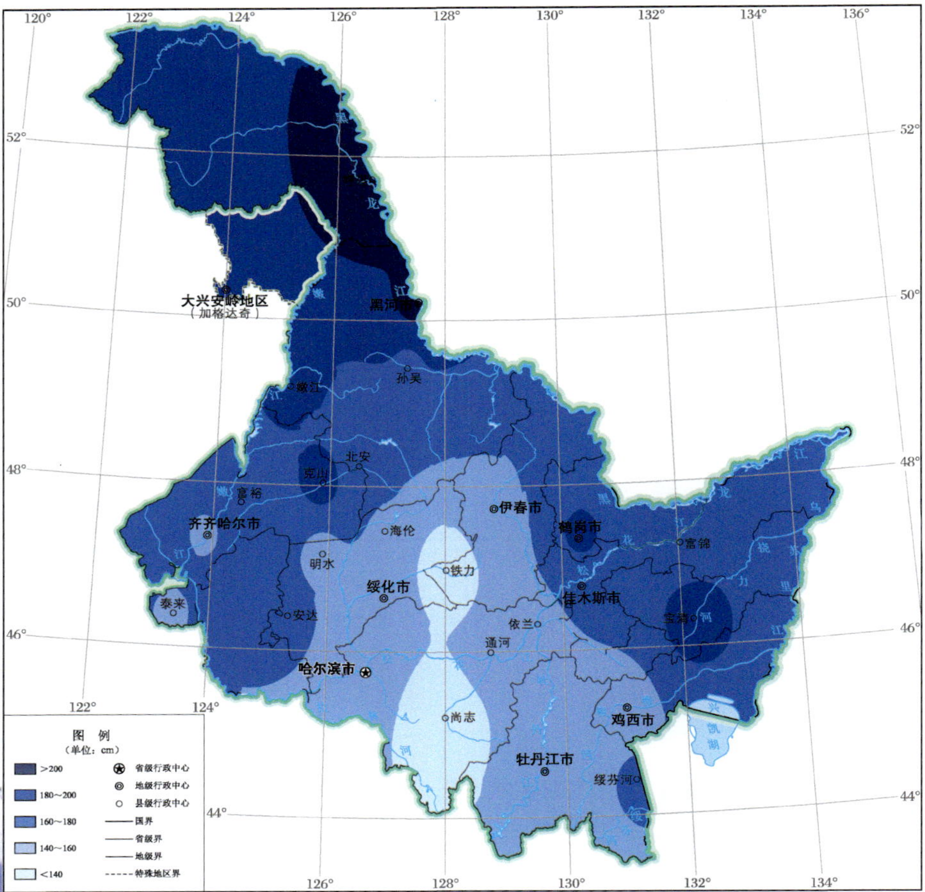


图 3.7　2018 年黑龙江省季节性冻土最大深度空间分布

## 3.4 酸雨

2008—2018 年，黑龙江省平均降水 pH 呈显著增加趋势（图 3.8(a)），最低值出现在 2010 年，降水 pH 为 6.10，最高值出现在 2014 年，为 6.23。近 11 年平均降水 pH 值均未达到酸雨（降水 pH 低于 5.6）水平。2018 年，黑龙江省降水 pH 为 6.15。

2008—2018 年，黑龙江省酸雨发生频率整体呈显著下降趋势（图 3.8(b)），每年减少速率约为 1.29%。2012 年以来酸雨发生频率明显持续下降，2008 年酸雨发生频率最高，达到 21.8%，2014 年为最低值，为 7.0%。2018 年，黑龙江省酸雨发生频率为 7.3%，为 2008 年以来第二低值。

2008—2018 年，黑龙江省强酸雨（降水 pH 低于 4.5）发生频率整体也呈显著下降趋势（图 3.8(c)），每年减少速率约为 0.24%。2009 年强酸雨发生频率最高为 3.1%，之后直线下降，2016 年达到最低值，为 0.2%。2018 年，黑龙江省强酸雨发生频率为 0.3%，为 2008 年以来第二低值。

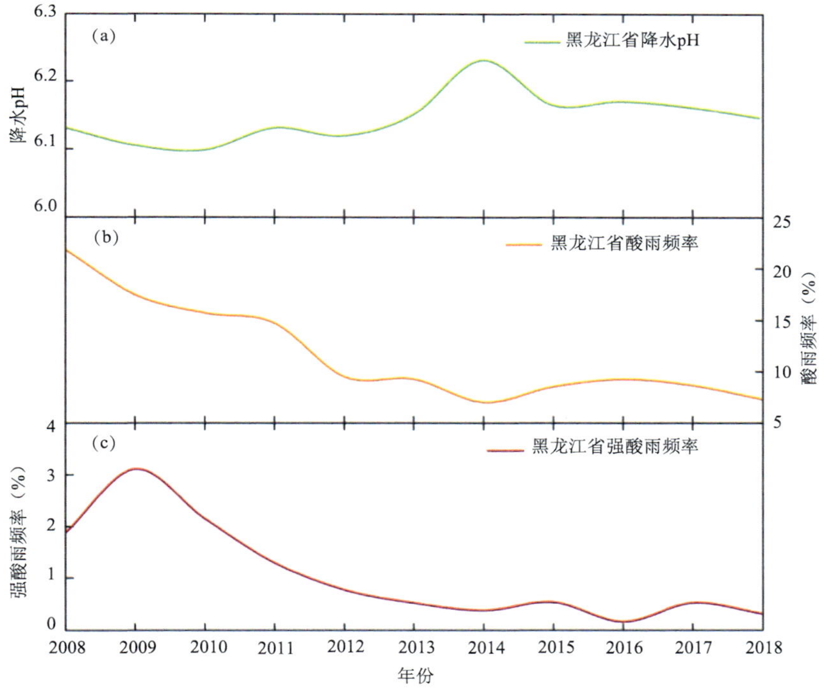


图 3.8　2008—2018 年黑龙江省平均降水 pH(a)、酸雨频率(b)和强酸雨频率(c)变化

2018 年，黑龙江省各地年平均降水 pH 值均未达到酸雨水平，大部地区降水 pH 值为 6.0～6.2，大兴安岭、齐齐哈尔西南部、嫩江及佳木斯市区为 6.2～6.4，大庆东部、绥化西南部、哈尔滨西部为 6.4 以上，哈尔滨南部和东部、牡丹江、拜泉、鸡西市区及七台河市区年平均降水 pH 值在 5.6～6.0（图 3.9）。

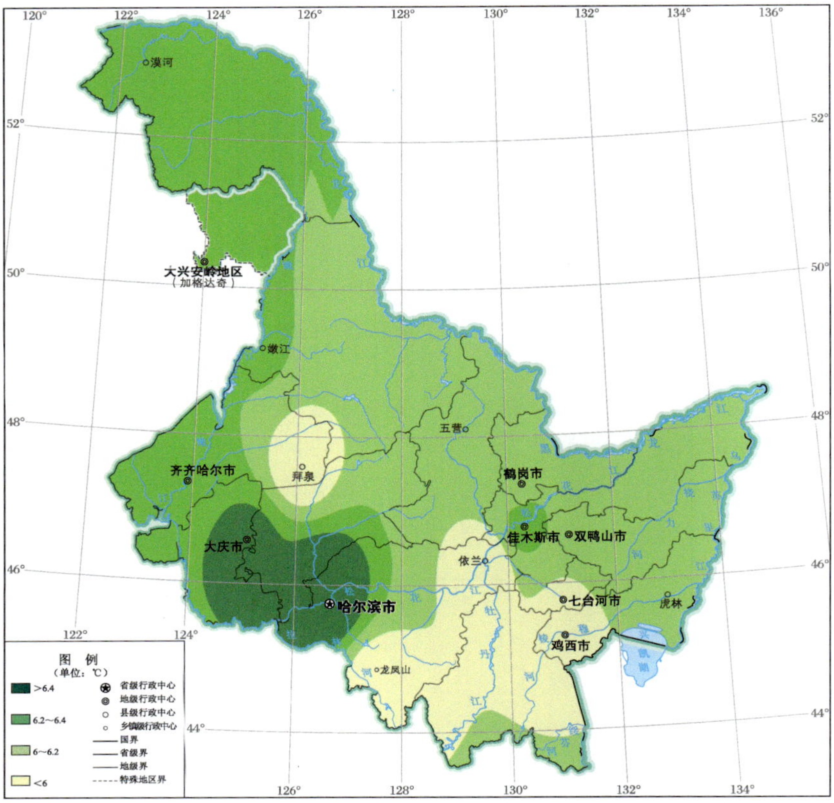


图 3.9　2018 年黑龙江省降水 pH 空间分布

## 3.5　采暖

1961—2018 年，黑龙江省年日均采暖强度呈减小趋势，平均每 10 年减小 0.2℃，近 58 年减小了约 1.2℃（图 3.10）。20 世纪 60 年代至 80 年代后期日均采暖强度处于偏大的阶段，最

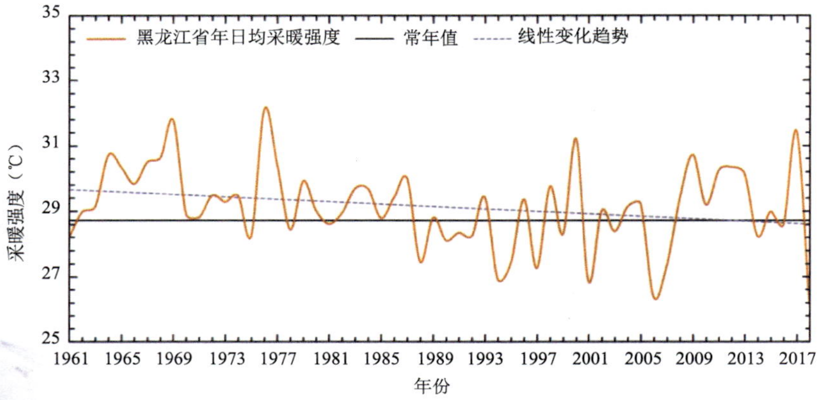


图 3.10　1961—2018 年黑龙江省年日均采暖强度变化

大值出现在 1976 年，为 32.1℃，1988 年之后在波动中逐渐减小。2018 年，黑龙江省日均采暖强度为 26.1℃，较常年值(28.7℃)偏低 2.6℃，为 1961 年以来历史最低。

2018 年，黑龙江省日均采暖强度总体表现为“由南向北逐渐增强”的特征，黑龙江省大部地区日均采暖强度为 24～28℃，大兴安岭大部、黑河北部、伊春中部、嫩江及北安为 28～30℃，漠河、呼玛、嘉荫为 30℃以上，只有东宁不足 24℃(图 3.11)。

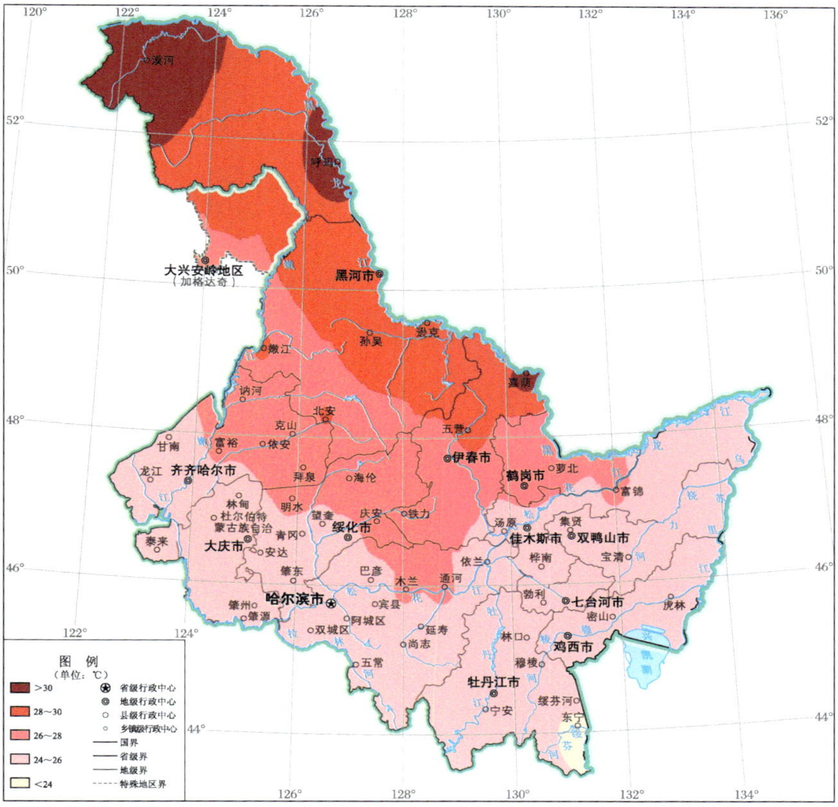


图 3.11 2018 年黑龙江省日均采暖强度空间分布

1961—2018 年，黑龙江省采暖初日呈显著推迟趋势，平均每 10 年推迟 1.1 d，近 58 年推迟了约 6.4 d(图 3.12)。20 世纪 60 年代波动变化，70 年代至 80 年代中期处于偏早阶段，期间 1978 年出现最早，日期为 10 月 10 日，80 年代后期以来，采暖初日在波动变化中逐渐推迟，其中 2011 年最晚，日期为 10 月 31 日。2018 年，黑龙江省平均采暖初日为 10 月 27 日，较常年值(10 月 20 日)偏晚 7 d，为 1961 年以来历史第四晚年。

1961—2018 年，黑龙江省采暖终日呈显著提前趋势，平均每 10 年提前 1.5 d，近 58 年提前了约 8.7 d(图 3.13)。20 世纪 60 年代至 70 年代处于偏晚阶段，80 年代以来采暖终日波动变化明显，近几年，采暖终日处于偏早阶段，采暖终日最早和最晚年份均出现在近 10 年，2010 年和 2013 年并列最晚年份，日期为 4 月 21 日，2018 年为采暖终日最早年，日期为 3 月 25 日，较常年(4 月 8 日)偏早 14 d。

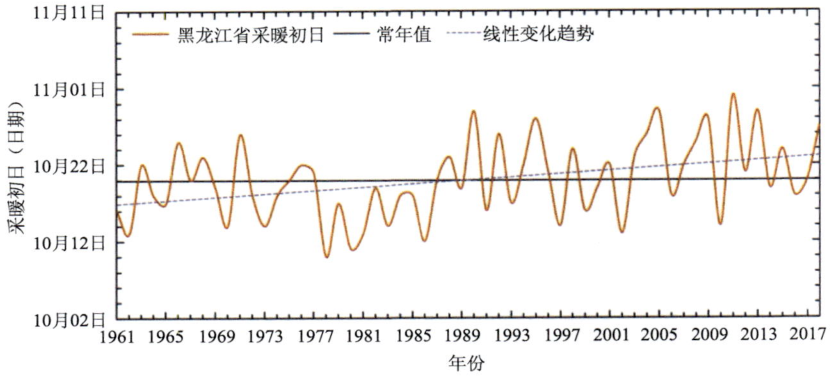


图 3.12　1961—2018 年黑龙江省采暖初日变化

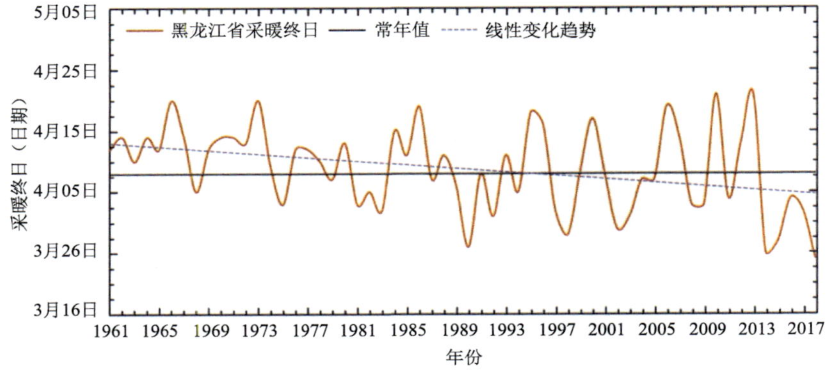


图 3.13　1961—2018 年黑龙江省采暖终日变化

# 第 4 章　气候变化驱动因子

气候变化驱动因子包括自然驱动因子和人为驱动因子。本章从黑龙江省太阳辐射、温室气体、臭氧、气溶胶的监测出发，揭示气候变化驱动因子的变化事实。

## 4.1　太阳辐射

1997—2018 年，漠河年总辐射呈减少趋势，波动变化明显，1997 年总辐射最高，为 5986.9 MJ/m$^2$，之后迅速下降，总辐射徘徊在 4448.9 MJ/m$^2$，最低值出现在 2003 年，为 3979.8 MJ/m$^2$。2018 年，漠河年总辐射为 4613.3 MJ/m$^2$(图 4.1(a))。

1961—2017 年，黑河年总辐射呈增多趋势，波动变化明显，20 世纪 60 年代至 80 年代初期总体处于偏多阶段，总辐射高值年份都集中在此期间，1977 年最高 5605.4 MJ/m$^2$，80 年代中期至 90 年代后期总辐射处于偏少阶段，1990 年最低，为 3744.0 MJ/m$^2$，进入 21 世纪再次进入偏多阶段(图 4.1(b))。

1993—2018 年，富裕年总辐射高值和低值均出现在 20 世纪 90 年代后期，分别为 1997 年的 5891.3 MJ/m$^2$ 和 1998 年的 4817.7 MJ/m$^2$，1999 年以来小幅波动变化，总辐射在 5156.4 MJ/m$^2$ 附近震荡。2018 年，富裕总辐射为 5113.0 MJ/m$^2$(图 4.1(c))。

1961—2018 年，佳木斯年总辐射呈增多趋势，20 世纪 60—70 年代总辐射小幅波动变化，其中 1978 年达到了历史最高值 5695.0 MJ/m$^2$，80 年代整体总辐射处于偏低阶段，90 年代初期和中期较常年值偏多，90 年代后期再次进入偏少阶段，期间 1999 年出现了历史最低值 3667.3 MJ/m$^2$，2004—2015 年连续 12 年处于偏高阶段，2016 年又一次进入低值区。2018 年，佳木斯年总辐射为 4802.0 MJ/m$^2$，较常年值(4446.1 MJ/m$^2$)偏多 355.9 MJ/m$^2$(图 4.1(d))。

1961—2018 年，哈尔滨年总辐射呈增加趋势。总辐射最高值出现在 1993 年 6020.3 MJ/m$^2$，1978 年总辐射达到历史最低值 4265.0 MJ/m$^2$，2013 年以来连续 6 年较常年值偏多，有明显的增多趋势。2018 年，哈尔滨总辐射为 5421.2 MJ/m$^2$，较常年(4679.6 MJ/m$^2$)偏多 741.6 MJ/m$^2$，为 1961 年以来历史第二高值(图 4.1(e))。

太阳活动既有 11 年左右的长周期变化，也有短至几十分钟的爆发过程。通常用太阳黑子相对数来表征太阳活动水平的高低。习惯上将 1755 年太阳黑子数最少时开始的活动周称做太阳的第 1 个活动周，目前太阳活动处于第 24 周太阳活动的末期，本活动周的周期偏长，预计本活动周将于 2019 年或 2020 年结束。2018 年，太阳黑子相对数年平均值为 7.0±9.5，低于 2017 年(21.7±21.4)和 2016 年(39.8±24.7)；较第 23 周同期水平(2007 年太阳黑子相对数 12.6±14.7)，太阳活动水平明显偏低(图 4.2)(中国气象局气候变化中心，2019)。

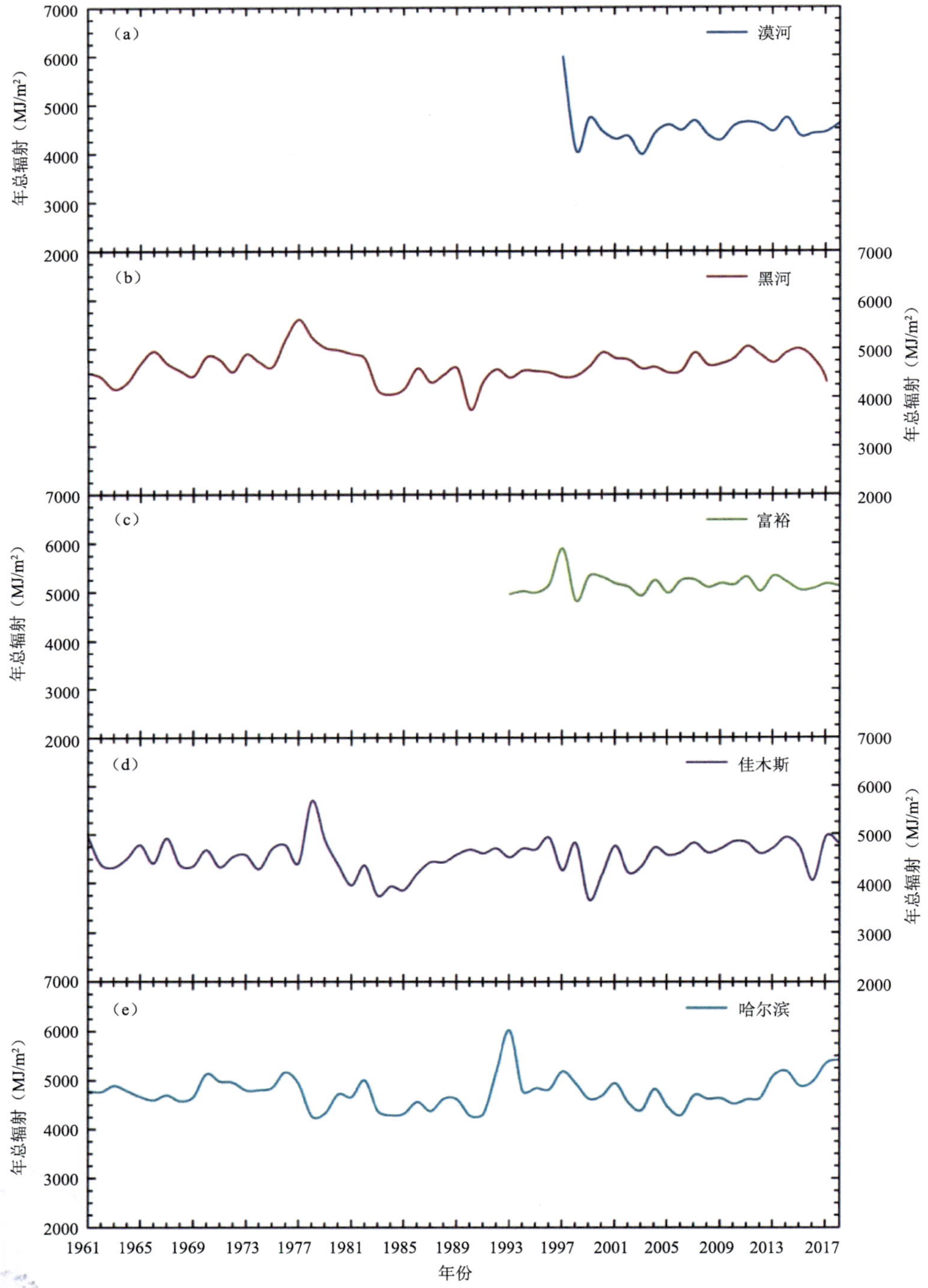


图 4.1 黑龙江省漠河(a)、黑河(b)、富裕(c)、佳木斯(d)、哈尔滨(e)辐射站历年太阳总辐射量

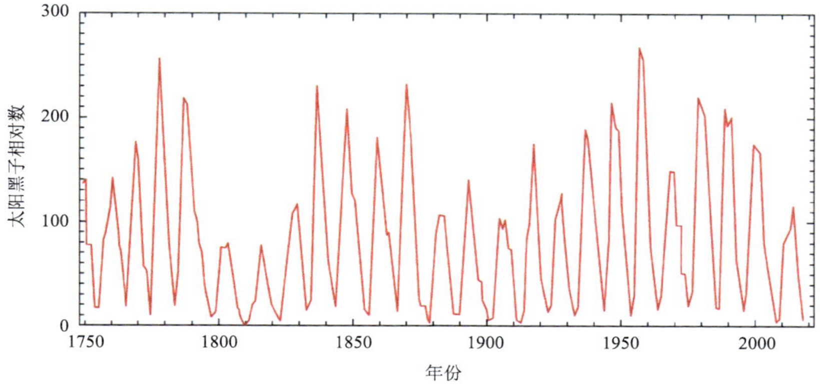


图 4.2　1750—2018 年太阳黑子相对数年平均值变化
（中国气象局气候变化中心，2019）

## 4.2　温室气体、臭氧、气溶胶

2017 年，全球大气二氧化碳年平均本底浓度为（405.5±0.1）$\times10^{-6}$，中国瓦里关全球本底站大气二氧化碳年平均本底浓度为（407.0±0.2）$\times10^{-6}$，略高于全球平均值，与北半球平均值和美国夏威夷站同期观测结果基本一致（图 4.3）（中国气象局气候变化中心，2019）。

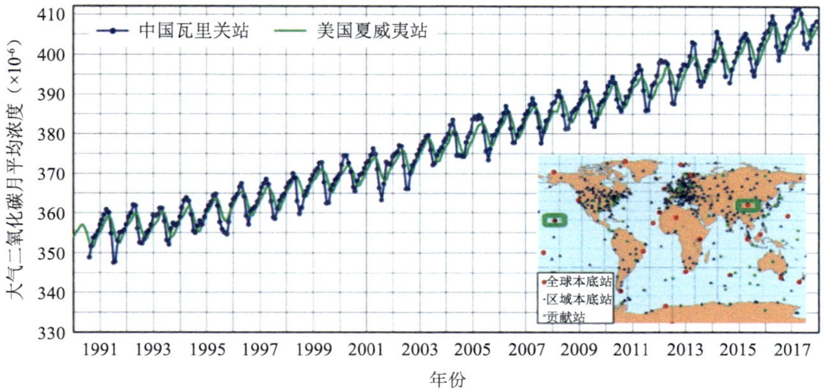


图 4.3　1990—2017 年中国瓦里关和美国夏威夷全球本底站大气二氧化碳月平均浓度变化
（中国气象局气候变化中心，2019）

2017 年，中国 7 个大气本底观测站（北京上甸子站、浙江临安站、黑龙江龙凤山站、云南香格里拉站、湖北金沙站、新疆阿克达拉站和青海瓦里关站）的二氧化碳年平均浓度依次为（416.0±1.8）$\times10^{-6}$、（419.5±1.9）$\times10^{-6}$、（415.6±0.8）$\times10^{-6}$、（404.8±0.9）$\times10^{-6}$、（412.3±3.0）$\times10^{-6}$和（407.4±2.9）$\times10^{-6}$、（407.0±0.2）$\times10^{-6}$（图 4.4）（中国气象局气候变化中心，2019）。

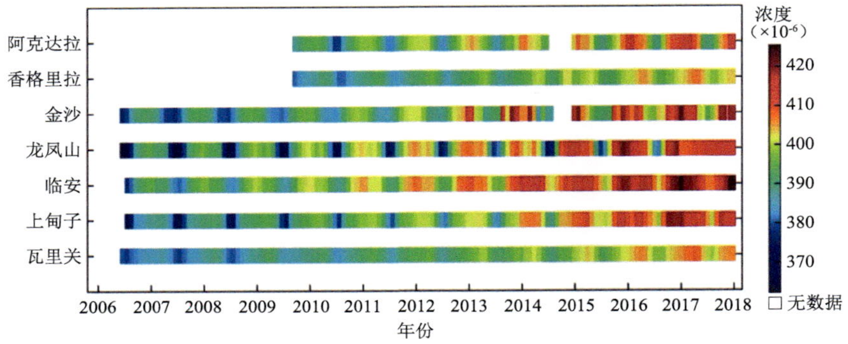


图 4.4　中国气象局 7 个大气本底站近 10 年二氧化碳年平均浓度
(中国气象局气候变化中心,2019)

20 世纪 70 年代中后期,全球臭氧总量开始逐渐降低,到 1992—1993 年因菲律宾皮纳图博火山爆发而降到最低点。黑龙江龙凤山站观测结果显示,1991 年以来臭氧总量季节波动明显,但年平均值无明显增减趋势(图 4.5)。2018 年,龙凤山站臭氧总量平均值为 362±57 DU;比 2017 年增加 5DU。臭氧总量值总体回升的态势与全球中纬度地区臭氧层出现恢复是相一致的,其与全球禁止排放损耗臭氧氟氯烃后促使臭氧层恢复有关,同时也与对流层上层—平流层大气环流年代际的调整有一定联系(中国气象局气候变化中心,2019)。

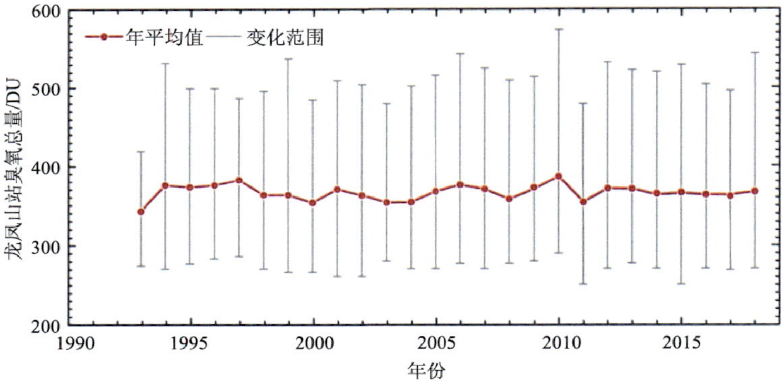


图 4.5　1991—2018 黑龙江龙凤山站观测到的臭氧总量变化
(圆心实线为年平均值的变化,浅色竖线表示臭氧总量值的范围)
(中国气象局气候变化中心,2019)

气溶胶通过散射和吸收辐射直接影响气候变化,也可通过在云形成过程中扮演凝结核或改变云的光学性质和生存时间而间接影响气候。气溶胶光学厚度是用来表征气溶胶对光的衰减作用的重要监测指标,光学厚度越大,代表大气中气溶胶含量越高。2004—2014 年,黑龙江龙凤山站气溶胶光学厚度年平均值波动增加,2014—2018 年呈明显降低趋势(图 4.6)。2018 年,龙凤山站气溶胶光学厚度为 0.26±0.13,较 2017 年下降 16%(中国气象局气候变化中心,2019)。

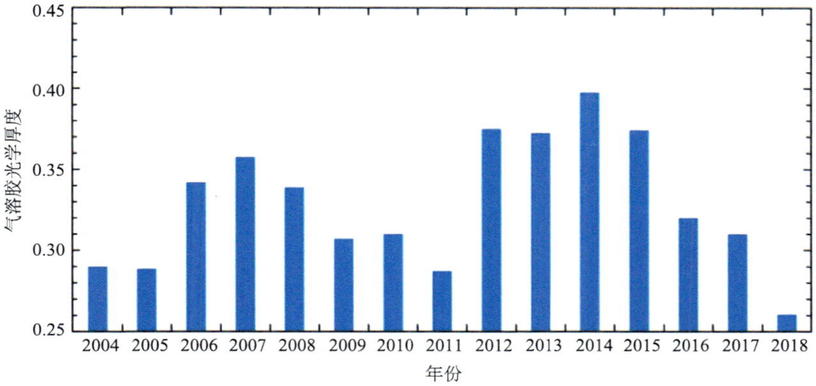


图 4.6　2004—2018 年黑龙江龙凤山站观测到的气溶胶光学厚度变化
（中国气象局气候变化中心，2019）